作物根系生长与培育

王国夫 过鸿英 俞丽红 主编

中国农业科学技术出版社

图书在版编目（CIP）数据

作物根系生长与培育 / 王国夫，过鸿英，俞丽红主编． — 北京：中国农业科学技术出版社，2025.5（2025.8重印）．
ISBN 978-7-5116-7374-9

Ⅰ．S311

中国国家版本馆CIP数据核字第2025L50D36号

责任编辑　马维玲
责任校对　李向荣
责任印制　姜义伟　王思文

出 版 者	中国农业科学技术出版社
	北京市中关村南大街12号　邮编：100081
电　　话	（010）82109194（编辑室）　　（010）82106624（发行部）
	（010）82106624（读者服务部）
网　　址	https://castp.caas.cn
经 销 者	各地新华书店
印 刷 者	中煤（北京）印务有限公司
开　　本	185 mm×260 mm　1/16
印　　张	11.5
字　　数	252千字
版　　次	2025年5月第1版　2025年8月第3次印刷
定　　价	88.00元

◆版权所有·侵权必究◆

《作物根系生长与培育》
编 委 会

主　　编：王国夫　过鸿英　俞丽红

副 主 编：（排名不分先后）

　　　　　吕建林　来华杰　郭晓敏　厉高中　唐运威　朱梦黎
　　　　　李泽楠　李　尚　沈　炜　朱越波　徐银兰　潘杰锐
　　　　　丁旭峰　周玉翔　厉浙铭　张曦中　赵怡萍　田海丹
　　　　　陈忠梅　王　樑　丁　强　丁红星　盛毅永　盛伟永
　　　　　蔡　瑜　张　潮　阮瑞科　吕慧艳　周静怡　王勇龙
　　　　　王伟均

其他编者：鲁建国　章祖民　潘一峰　陈　悦　李　彤　李祖浩
　　　　　何　丹　王伟娜　杨琼琼　张苏艺　孙　晓　何铁建

前　言

在自然界的精妙设计中，根系作为作物与大地沟通的桥梁，其生长与培育一直是生命科学研究的热点。根系不仅支撑着植株的挺立，更是水分与养分吸收的关键通道，其形态构建与功能优化是作物适应环境、提升生存竞争力的重要策略。《作物根系生长与培育》揭示了根系生长发育的基本规律、环境适应性以及人类培育的技术手段，为理解这一复杂过程提供了一个新的视角。

书中系统阐述了根系的主要类型，包括主根、侧根和不定根，以及它们各自的生长特点，为读者构建了一个清晰的基础知识框架。本书详细解析了根系形态构型及分布，揭示了作物根系生长发育的规律以及影响因素。同时，关于根瘤共生、菌根共生等根系共生系统的研究介绍，不仅丰富了读者对作物与微生物之间相互作用的理解，也为实践中如何提高作物养分吸收效率和生态适应能力提供了新的思路。

此外，书中还讨论了外源物质（包括植物激素、微生物菌剂等）在调控根系生长发育中的作用，以及它们参与根系生长发育调节的机理，为根系生长发育的有效调节提供了新的方法。

值得一提的是，本书不仅停留在理论阐述层面，还关注了农业生产过程中的应用，列举了相关作物在根系培育方面的相关案例，便于广大读者学习参考。

《作物根系生长与培育》集理论性、前沿性与实用性于一体。它不仅为农业科研、农业技术推广、培训教育、生产主体等领域的人员提供了丰富的知识资源，也为推动根系研究向更深层次、更广领域发展奠定了坚实的技术基础。相信随着本书的出版、应用与引用，根系研究将迎来更加辉煌的明天。

编　者

2025年4月

目 录

理论篇

第一章　根系生物学基础 ·· 3
第一节　根系类型 ·· 3
第二节　主根、侧根、须根、根毛 ·· 5
第三节　根系形态建成 ·· 11
第四节　根系解剖结构 ·· 14

第二章　根系生长发育规律 ·· 16
第一节　根系的生长规律 ··· 16
第二节　根系的发育规律 ··· 18
第三节　不同类型根系生长发育的特点 ·· 20
第四节　影响根系生长发育的因素 ··· 24

第三章　根系生长发育调节 ·· 29
第一节　根系健康判断方法 ·· 29
第二节　基因调控 ·· 31
第三节　外源物质调节 ·· 34
第四节　环境因子调节 ·· 40

第四章　根系结构与分布 ··· 44
第一节　根系的基本结构 ··· 44

　　　　第二节　根系的分布 ··· 45
　　　　第三节　影响根系分布的因素 ·· 47

第五章　根系功能与作用 ·· 51
　　　　第一节　概述 ··· 51
　　　　第二节　根系的主要功能 ·· 52
　　　　第三节　根系对生态系统的影响 ·· 54

第六章　根系与水分、养分吸收 ·· 56
　　　　第一节　水分吸收 ··· 56
　　　　第二节　无机养分吸收 ·· 59
　　　　第三节　有机养分吸收 ·· 64
　　　　第四节　提高根系吸收水分、养分效率的方法 ·· 72

第七章　根系共生系统与调控 ·· 75
　　　　第一节　根系生长与微生物的关系 ·· 75
　　　　第二节　根系共生系统的生态意义 ·· 77
　　　　第三节　根系共生系统主要微生物 ·· 78
　　　　第四节　根系共生系统的形成机制 ·· 80
　　　　第五节　影响根系共生系统的因素 ·· 84
　　　　第六节　根系共生系统的调控方法 ·· 87
　　　　第七节　根瘤菌与豆科作物共生系统的作用机制 ···································· 89
　　　　第八节　丛枝菌根共生系统的作用机制 ·· 90
　　　　第九节　根系共生系统在农业生产中的应用 ·· 92

应用篇

第八章　粮食作物根系生长问题及培育 ·· 97
　　　　第一节　水稻根系生长问题及培育 ·· 97
　　　　第二节　小麦根系生长问题及培育 ·· 99
　　　　第三节　玉米根系生长问题及培育 ·· 102

第四节　大豆根系生长问题及培育 …………………………………… 105

第九章　果树根系生长问题及培育 …………………………………… 109

第一节　蓝莓根系生长问题及培育 …………………………………… 109
第二节　桃根系生长问题及培育 ……………………………………… 112
第三节　樱桃根系生长问题及培育 …………………………………… 115
第四节　柑橘根系生长问题及培育 …………………………………… 118

第十章　蔬菜根系生长问题及培育 …………………………………… 122

第一节　胡萝卜根系生长问题及培育 ………………………………… 122
第二节　番茄根系生长问题及培育 …………………………………… 125
第三节　芹菜根系生长问题及培育 …………………………………… 128
第四节　菠菜根系生长问题及培育 …………………………………… 130

第十一章　其他作物根系生长问题及培育 …………………………… 134

第一节　兰花根系生长问题及培育 …………………………………… 134
第二节　百合根系生长问题及培育 …………………………………… 137
第三节　广玉兰根系生长问题及培育 ………………………………… 139
第四节　茶树根系生长问题及培育 …………………………………… 142

第十二章　微生物菌剂与根系生长 …………………………………… 145

第一节　微生物菌剂概述 ……………………………………………… 145
第二节　微生物菌剂的主要作用 ……………………………………… 148
第三节　微生物菌剂促进根系生长的应用案例 ……………………… 150

第十三章　容器栽培与根系生长 ……………………………………… 154

第一节　容器栽培特点 ………………………………………………… 154
第二节　容器栽培与地面栽培根系生长的差异 ……………………… 155
第三节　容器栽培根系的养护管理 …………………………………… 158

第十四章　根系损伤及修复技术 ……………………………………… 162

第一节　常见的根系损伤 ……………………………………………… 162
第二节　根系损伤常规修复 …………………………………………… 163
第三节　根系损伤特殊修复 …………………………………………… 165

理 论 篇

第一章

根系生物学基础

第一节 根系类型

一、直根系

直根系是由主根和侧根组成的根系类型。主根明显发达，一般垂直向下生长，入土深度较大。主根在发育早期就已经形成，并且在整个根系的生长过程中始终保持主导地位。侧根则从主根上依次发生，侧根的粗细和长短相对主根较小。直根系在双子叶植物中较为常见，如经济作物大豆、棉花等。直根系植物通常具有较强的固定植株的能力，因为主根深入土壤深处，能够牢牢抓住土壤，为植物提供稳固的支撑。同时，直根系植物在吸收深层土壤水分和养分方面也具有一定优势。

二、须根系

须根系没有明显的主根，由许多粗细相近的不定根组成。这些不定根从茎的基部或胚轴上生出，在土壤中形成一个较为密集的根系网络。须根系在单子叶植物中较常见，主粮作物小麦、水稻等均属于须根系。须根系的植物由于根系分布较为广泛，所以在吸收土壤表层的水分和养分方面表现出色。而且，须根系能够较好地适应浅土层的生长环境，在土壤肥力集中于表层的地区，须根系植物能更有效地获取所需的营养物质（图1.1）。

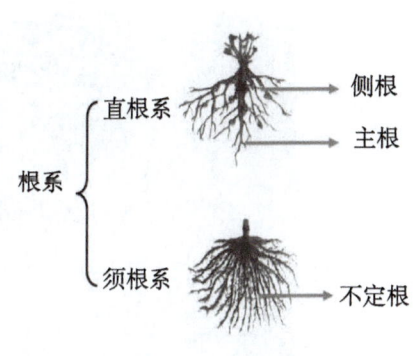

图1.1 直根系与须根系

三、变态根系

除了直根系和须根系这两种基本类型外，还有一些植物具有变态根系。变态根系是植物在长期进化过程中，为了适应特殊的环境条件或执行特殊的功能而形成的特殊根系结构。

（一）贮藏根

贮藏根主要用于储存大量的营养物质。根据其形态不同，又可分为肉质直根和块根。肉质直根是由主根发育而成，如萝卜、胡萝卜等，其肉质部分富含淀粉、糖类等营养物质，可以为植物在营养生长后期或繁殖期提供能量支持。块根则是由侧根或不定根膨大而成，例如甘薯，块根内部储存着丰富的淀粉等营养成分。

（二）气生根

气生根是生长在空气中的根。有些植物的气生根具有吸收空气中的水分和养分的功能（如吊兰）其气生根能够从空气中吸收水分和少量的养分补充植株的需求。还有些气生根具有支撑作用（如榕树）它的气生根从树枝上垂下，深入土壤后逐渐增粗，形成支柱根，帮助支撑庞大的树冠。

（三）寄生根

寄生根是寄生植物所特有的根系结构。寄生植物通过寄生根插入寄主植物的体内，从寄主植物获取水分、养分等生活必需物质。例如菟丝子，它没有叶绿素，不能进行光合作用，完全依靠寄生根从寄主植物吸取营养用来维持自身的生长和发育（图1.2至图1.4）。

图1.2 贮藏根

图1.3 气生根

图1.4 寄生根

第二节 主根、侧根、须根、根毛

一、主根的生长特点

（一）起源

主根由植物胚胎中的胚根发育而来，是植物根系的主要部分。在种子萌发过程中，胚根首先突破种皮，向下生长成为主根。

（二）发生部位

主根通常位于植物根部的中心位置，从茎的基部垂直向下生长。它通过顶端分生组织不断分裂和延长，形成明显的根尖结构。

（三）形成时间

主根的形成始于种子萌发阶段。在适宜的环境条件下，种子吸水膨胀，胚根迅速伸长并穿破种皮，进入土壤。

（四）结构形态

主根一般较粗大，具有明显的根冠、生长点和根毛区。根冠保护根尖免受机械损伤，生长点负责细胞分裂和伸长，而根毛区则增加了植物吸收营养和水分的表面积。

（五）功能作用

主根的主要功能是固定植物体并吸收土壤中的水分和养分。由于其强大的生长能力和深入土壤的能力，主根能够有效地支撑植物并获取资源。

（六）环境适应性

主根能够适应不同的土壤条件，如紧实土壤或疏松土壤。在紧实土壤中，主根可以通过增加根毛的数量提高吸收效率；而在疏松土壤中，主根则可以更快地生长和扩展。

（七）生态意义

主根在生态系统中扮演着重要角色，它们不仅有助于土壤结构的稳定，还能通过与微生物的相互作用促进有机物分解和养分循环。

二、侧根的生长特点

（一）起源

侧根是由植物根部的内部组织形成的，因此属于内起源。在种子植物中，侧根通常从与原生木质部邻接的中柱鞘细胞开始形成。

（二）发生部位

侧根的发生在同一植物中常常是有一定部位的。二原型根发生于原生木质部和韧皮部之间或正对木质部；三、四原型根发生在正对木质部区域，多原型则相反。

（三）形成时间

侧根的形成始于根的初生生长阶段，即幼根发育期。老根不产生侧根，而是产生不定根。

（四）结构连接

由于侧根起源于中柱鞘，其木质部和韧皮部与主根的维管组织直接相连，形成一个连续的维管系统。这保证了水分和养料可以通过导管、筛管相互流通。

（五）抑制作用

主根对侧根的生长有一定的抑制作用，特别是在根端附近更为明显。如果将主根的根端切除，则可以促进侧根的迅速长出。

（六）环境影响

侧根的形成受到多种环境因素的影响，如温度、湿度、光照、营养物质和土壤结构等。例如，外源生长素可以促进侧根的发生，但浓度过高则会抑制侧根原基的露出。

（七）功能作用

侧根有助于植物体的固着和吸收作用，通过增加根系表面积增强植物对水分和矿物质的吸收能力。

三、须根的生长特点

（一）起源

须根起源于植物的茎基部，是茎节上产生的不定根。这些不定根在种子萌发后不久便开始形成，并逐渐发育成须根系统。

（二）发生部位

须根主要发生在单子叶植物中，如禾本科和莎草科等植物。在这些植物中，主根在生长一个短时期后停止生长，而从茎基部的节上长出许多细长的须状不定根。

（三）形成时间

须根的形成通常在种子萌发后不久开始，主根在生长一段时间后退化，须根则继续发展和分支。

（四）结构形态

须根的粗细均匀，多数具有显著的内皮层，尤其是禾本科和莎草科等植物，当须根变老时，木质化的内皮仍残留，而皮层和表皮则相继剥落，因此成铁丝状。

（五）功能作用

须根的主要功能是吸收水分和养分，由于其大量的分支和广泛的分布，能够更有效地利用土壤中的资源。

（六）环境适应性

须根系植物能够适应各种恶劣的生长环境，如盐碱土、干旱地区等，它们可以利用须根吸收空气中的水分和养分，因此，在一些特殊的环境下，它们可以取代一些传统植物的角色。

（七）生态意义

须根系植物在土壤保持、水源涵养、生态修复等方面具有重要作用。它们能够减轻水土流失，改善土壤结构，增加土壤肥力，为生态系统稳定做出贡献。

四、根毛的生长特点

根毛是由根表皮细胞向外突出的顶端密闭的管状结构，主要位于根尖的成熟区，增加吸收水分和养分的表面积。根毛的寿命较短，一般为几天到几周。

（一）结构特点

1. 细胞壁薄

根毛细胞的细胞壁相对较薄，这有利于根毛与土壤颗粒紧密接触，减少物质交换的障碍。薄的细胞壁使根毛更容易从土壤吸收水分和溶质分子。例如，在植物根系吸收土壤中的矿质营养时，薄细胞壁有助于离子的快速进入。

2. 细胞体积小且细胞质浓厚

根毛细胞的体积较小，但细胞质浓厚。浓厚的细胞质中含有丰富的细胞器，如线粒体、内质网等。线粒体为根毛的主动吸收过程提供能量，内质网参与根毛细胞内物质的合成与运输。这种结构特点使根毛细胞能高效进行各种生理活动，保证对水分和养分的快速吸收。

3. 液泡较小

与植物其他成熟细胞相比，根毛细胞的液泡较小。这是因为根毛主要功能是吸收，较小的液泡不会占据过多空间，从而为细胞质留出更多的区域用于物质交换和代谢活动。同时，较小的液泡也有助于根毛细胞保持较高的渗透压，促进水分的吸收。

（二）生长位置与分布特点

1. 生长于成熟区

根毛生长在根尖的成熟区（根毛区）。成熟区的细胞已经分化完成，具备了特定的功能。根毛是成熟区表皮细胞向外突出形成的结构。这个位置决定了根毛在根系中承担吸收水分和养分的主要任务，因为成熟区以上的细胞不再进行分裂和伸长，主要进行物质的吸收和运输。

2. 分布密集

根毛在成熟区的分布非常密集。大量的根毛极大地增加了根系与土壤的接触面积。例如，一棵植物的根毛如果全部连接起来，其总长度可以达到数千米甚至更长。这种密集的分布使植物根系能够更有效地从土壤中吸收水分和养分，尤其是对于土壤中含量较低但对植物生长必需的养分，如磷元素的吸收具有重要意义。

（三）生长过程特点

1. 生长迅速

根毛的生长速度相对较快。在适宜的条件下，根毛可以在较短的时间内达到一定的长度。根毛的快速生长有助于植物迅速扩大根系的吸收面积，以适应植物生长对水分和养分不断增加的需求。例如，在植物幼苗期，根毛的快速生长能够保证幼苗及时获得足够的水分和养分，从而促进幼苗的茁壮成长。

2. 动态更新

根毛的寿命较短，通常只有几天到几周。但在根毛死亡的同时，成熟区会不断地有新的根毛生长出来，形成动态更新的过程。这种动态更新机制保证了根系始终保持较强的吸收能力。例如，当土壤中的水分或养分分布发生变化时，新生长的根毛可以根据环境变化调整其生长方向和吸收特性，以更好地适应环境。

（四）环境适应性特点

1. 向水性生长

根毛的生长具有向水性。当土壤中水分分布不均匀时，根毛会朝着水分含量高的方向生长。这一特性有助于植物根系在土壤中寻找水源，保证植物能够获得足够的水分供应。例如，在干旱地区，植物根系的根毛会向土壤中较湿润的深层生长。

2. 向化性生长

根毛还表现出向化性生长，即朝着土壤中养分浓度高的方向生长。例如，当土壤中某一区域的氮、磷、钾等养分含量较高时，根毛会向该区域延伸，从而提高对这些养分的吸收效率。这种向化性生长特性使植物根系能够更有效地利用土壤中的养分资源。

（五）根毛吸收水分特征

1. 渗透作用

（1）原理

根毛细胞的原生质层（细胞膜、细胞质和液泡膜组成）相当于一层半透膜。土壤溶液中的水分相对于根毛细胞内的溶液通常是低浓度的溶液（高水势），而根毛细胞内含有较多的溶质，如糖类、氨基酸、无机盐等，是高浓度的溶液（低水势）。根据渗透作用的原理，水分子会顺着水势梯度从土壤溶液（高水势）向根毛细胞（低水势）扩散。例如，在大多数植物的根系中，根毛细胞内的蔗糖、钾离子等溶质浓度较高，吸引土壤中的水分子通过渗透作用进入细胞。

（2）细胞间的运输

水分进入根毛细胞后，会通过细胞间的共质体途径或质外体途径向根部内部运输。在共质体途径中，水分通过细胞间的胞间连丝从一个细胞的细胞质进入相邻细胞的细胞质。在质外体途径中，水分沿着细胞壁和细胞间隙向根内部移动，当到达内皮层时，由于内皮层细胞的凯氏带（一种特殊的细胞壁结构）的阻挡，质外体途径的水分会被引导进入共质体途径，然后继续向木质部运输。

2. 根压的作用

（1）根压的产生

根毛和根部其他细胞主动吸收离子，如钾离子、硝酸根离子等，这些离子被吸收进入根部细胞后，会降低根部细胞的水势。由于根部细胞水势低于土壤溶液水势，水分不断进入根部细胞。根部细胞不断积累水分，产生一种向上的压力，称为根压。例如，在一些植物的伤流现象中可以观察到根压的存在，将植物的茎切断后，从切口处会有汁液流出，这就是根压推动的结果。

（2）对水分吸收的促进

根压能够将根部吸收的水分向上推动一定的距离，有助于水分在植物体内的运输。在一些小型植物或水分运输距离较短的植物中，根压在水分吸收和运输过程中起到了重要的作用。

（六）根毛吸收养分特征

1. 被动吸收

（1）简单扩散

对于一些小分子的、非极性的养分，如二氧化碳、氧气等，它们可以通过简单扩散的方式进入根毛细胞。这些物质顺着浓度梯度从土壤溶液扩散进入根毛细胞。例如，土壤中的二氧化碳可以扩散进入根毛细胞，参与根部的一些生理过程，如碳代谢等。

（2）离子通道运输

土壤中的许多离子，如钾离子、氯离子等，可以通过根毛细胞膜上的离子通道进行运输。离子通道是一种膜蛋白，具有选择性，只允许特定的离子通过。当膜两侧存在离子浓度差时，离子就会顺着浓度梯度通过离子通道进入根毛细胞。例如，钾离子通道允许钾离子快速通过，以满足植物对钾元素的需求。这种被动运输方式不需要消耗能量，运输速度较快。

2. 主动吸收

（1）离子载体运输

对于一些离子，如硝酸根离子、磷酸根离子等，根毛细胞通过离子载体吸收。离子载体是一种膜蛋白，它能与特定的离子结合，然后通过构象变化将离子转运到细胞内。这种转运过程需要消耗能量（通常是ATP），因为离子是逆浓度梯度进行运输的。例如，植物根系吸收土壤中的硝酸根离子时，硝酸根离子载体蛋白与硝酸根离子结合，在消耗ATP的情况下将硝酸根离子转运到根毛细胞内。

（2）质子-离子协同运输

根毛细胞还可以利用质子-离子协同运输的方式吸收养分。细胞膜上的质子泵（如H^+-ATP酶）消耗ATP将质子（H^+）泵出细胞，使细胞外的质子浓度升高，形成跨膜的质子电化学势梯度。然后，一些离子（如钙离子、镁离子等）可以顺着这个质子电化学势梯度与质子一起通过协同运输蛋白进入细胞。这种方式也是逆离子浓度梯度的主动运输，需要消耗能量。

（七）根毛与土壤颗粒及微生物的相互作用

1. 根毛与土壤颗粒的接触

根毛细长且众多，能够深入土壤颗粒间的微小空隙，与土壤颗粒紧密接触。这种紧密接触增加了根毛与土壤中养分的接触机会。土壤中的养分往往吸附在土壤颗粒表面，根毛通过分泌有机酸、氢离子等物质，可以使土壤颗粒表面吸附的养分离子解吸下来，然后再进行吸收。例如，根毛分泌的柠檬酸可以溶解土壤中难溶性的磷化合物，使磷元素释放出来供根毛吸收。

2. 根毛与微生物的共生关系

许多植物的根毛能与微生物形成共生关系，从而提高养分的吸收效率。例如，菌根真菌与根毛共生，菌根真菌的菌丝可以延伸到根毛无法到达的土壤微域，吸收土壤中的养分（如磷、锌等微量元素），然后将这些养分传递给根毛。豆科作物的根毛与根瘤菌共生，根瘤菌可以固定空气中的氮气，将其转化为植物可利用的氨态氮，供植物吸收。

第三节　根系形态建成

根系的形态建成是指植物根系从胚胎发育开始，经过细胞分裂、分化、生长和组织器官形成，最终构建出具有一定形态和功能的根系系统的过程，它对植物在土壤中获取水分、养分，固定植株以及与土壤微生物相互作用等方面都起着关键作用。根系形态建成是一个复杂的过程，涉及细胞分裂、侧根形成和根毛生长等多个阶段。这些过程受遗传信息和环境因子的共同调控，从而确保根系能够适应不同的生长环境。

一、胚胎期根系的发生

在植物胚胎发育过程中，受精卵经过多次分裂形成胚体，胚体的下部会分化出胚根，胚根是根系的原基，它将进一步发育成为植物的主根。这个阶段奠定了根系的最初形态基础，决定了根系后续的生长方向和基本结构。

二、幼苗期根系的发育

（一）主根的伸长

种子萌发后，胚根突破种皮向下生长形成主根。主根具有明显的顶端优势，会迅速向下伸长，深入土壤，为幼苗提供初步的固定和吸收功能。

（二）侧根的产生

随着主根的生长，在主根的一定部位，中柱鞘细胞会恢复分裂能力，形成侧根原基，侧根原基进一步发育形成侧根。侧根的产生增加了根系的分支和吸收面积，使根系能够更广泛地分布于土壤中。

（三）根毛的形成

在幼苗根系的成熟区，表皮细胞向外突出形成根毛。根毛的形成极大地增加了根系的吸收表面积，有利于根系对水分和养分的吸收。

三、成熟期根系的形态塑造

（一）根系的分支与扩展

进入成熟期后，根系不断进行分支和扩展，形成庞大而复杂的根系网络。侧根会继续产生二级侧根、三级侧根等，各级侧根相互交织，使根系在水平和垂直方向上都能充分占据土壤空间，以获取更多的资源。

（二）根系的分化与特化

不同类型的植物根系在成熟期会表现出不同的形态和功能分化。例如，一些植物会形成肉质根用于储存养分，如萝卜；一些植物会形成气生根，用于呼吸或攀缘，如绿萝；还有些植物会形成支持根，增强植株的稳定性，如玉米。

四、影响因素

（一）遗传因素

植物的根系形态建成在很大程度上受到遗传基因的控制。不同种类的植物具有不同的根系形态特征，这些特征是由其遗传基因决定的。例如，双子叶植物通常具有直根系，而单子叶植物通常具有须根系，这是由它们的遗传背景所决定的，不同的基因表达模式调控了根系的发育过程，使其形成特定的形态。

（二）环境因素

1. 土壤类型

不同质地的土壤对根系形态建成有显著影响。例如，在砂质土壤中，根系通常会生长得更深、更细长，以获取更深层的水分；而在黏质土壤中，根系可能会更加粗壮，侧根分布相对较浅且密集，以更好地适应黏质土壤的物理特性。

2. 水分状况

水分是影响根系形态建成的重要因素之一。当土壤中水分充足时，根系生长相对较快，分支较多，根毛也较为发达；而当土壤缺水时，根系会向深处生长，以寻找更深层的水源，同时根的表皮细胞可能会增厚，减少水分散失。

3. 养分供应

土壤中的养分含量和分布也会影响根系的形态。例如，在缺氮的土壤中，根系可能会通过增加侧根数量和长度，扩大吸收面积提高对氮素的获取能力；而在磷素缺乏的土壤中，根系可能会分泌更多的有机酸等物质，以活化土壤中的磷，同时根系形态可能会发生改变，如形成更多的根毛或改变根的生长方向。

4. 光照条件

虽然根系生长在地下，但地上部分的光照条件也会间接影响根系的形态建成。充足的光照有利于植物进行光合作用，为根系生长提供充足的有机物质和能量，从而促进根系的发育和形态建成。如果光照不足，根系的生长可能会受到抑制，表现为根系细弱、分支减少等。

5. 温度

温度影响植物的生理活动，根系的生长也不例外。适宜的温度有利于根系的细胞分裂和伸长，促进根系的正常发育；而过高或过低的温度都会对根系的生长产生不利影响。例如，低温可能导致根系生长缓慢，甚至停止生长，高温可能使根系细胞受损，影响根系的形态和功能。

6. 激素调控

（1）生长素

生长素在根系形态建成中起着关键作用。在根尖，生长素的分布和浓度梯度调控着根系的生长方向和细胞分裂。例如，生长素在根尖的向地性生长中发挥着重要作用，当根尖一侧的生长素浓度较高时，该侧细胞生长受到抑制，而另一侧细胞生长较快，从而使根向下弯曲生长。

（2）细胞分裂素

细胞分裂素主要促进细胞分裂，在侧根的形成和发育过程中起着重要作用。它与生长素相互作用，调节侧根原基的形成和分化，当细胞分裂素与生长素的比例适宜时，有利于侧根的正常发育。

（3）赤霉素

赤霉素对根系的生长有促进作用，它可以促进根系细胞的伸长，使根伸长生长加快，但对根系的分支和侧根形成的影响相对较小。

（4）乙烯

乙烯是一种气体激素，对根系形态建成有多种影响。它可以抑制主根的伸长，促进侧根和根毛的形成，在根系对环境胁迫的响应中也起着重要作用。例如，在水淹条件下，植物体内乙烯含量增加，会促进通气组织的形成和根系形态的改变，以适应缺氧环境。

（5）脱落酸

脱落酸主要参与植物对逆境胁迫的响应，在根系形态建成方面，它可以调节根系的生长速度和方向，在干旱等逆境条件下，脱落酸含量增加，会使根系向水性增强，引导根系向水分充足的方向生长。

第四节　根系解剖结构

根系解剖结构包括根尖、初生结构和次生结构三个部分。

一、根尖

根尖是根的生长点，位于根的最前端，负责根的向地生长和吸收功能。在根尖中，细胞持续分裂，推动根向前生长，并形成根的不同组织。根冠是根尖最外面的部分，由许多薄壁细胞组成，能够分泌黏液，帮助根尖在土壤中顺利推进。分生区是紧接根冠之后的区域，这里的细胞具有强烈的分裂能力，是根生长的主要动力源。伸长区位于分生区之后，细胞在此区域停止分裂但迅速伸长，增加根的长度。成熟区是根尖最后的部分，细胞在此区域完成分化，形成了根的吸收结构，如根毛。

二、初生结构

初生结构包括表皮、皮层和中柱三个部分，这些是在根的生长过程中首先形成的组织。表皮是根最外层的保护组织，通常只含有一层细胞，主要负责保护内部组织不受外界伤害。皮层位于表皮下方，由多层较大的薄壁细胞构成，主要功能是储存养分和参与物质的横向运输。中柱或称维管柱，是根的输导组织，位于根的中心部位，负责水分和养分的纵向输送。

三、次生结构

次生结构是由维管形成层活动产生的次生木质部和次生韧皮部，以及木栓形成层活动产生的周皮。维管形成层位于初生木质部和韧皮部之间，其活动导致根不断加粗。木栓形成层位于中柱鞘细胞，向外分裂形成木栓层，提供额外的保护作用（图1.5）。

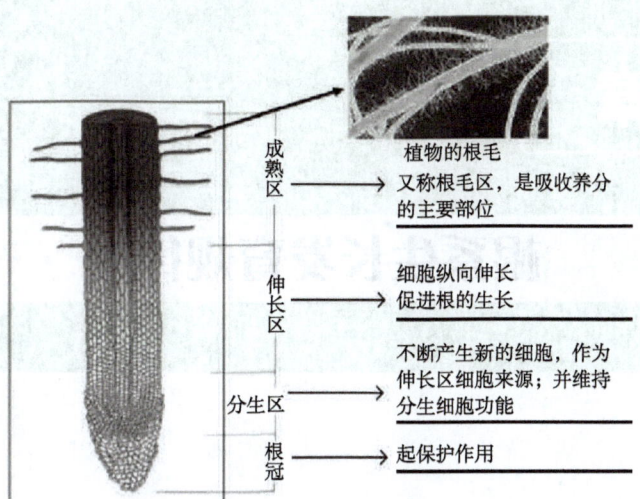

图1.5　根系结构

第二章

根系生长发育规律

第一节　根系的生长规律

一、根尖的生长与分化

（一）根冠

根冠位于根尖的最前端,是一种特殊的保护结构。根冠细胞具有大液泡和较厚的细胞壁,细胞壁的主要成分是果胶质,这使根冠细胞具有一定的黏性。根冠细胞不断地从根尖分生区得到补充,因为在根系生长过程中,根冠细胞会因与土壤颗粒的摩擦而不断脱落。根冠的主要功能包括保护根尖分生组织免受土壤颗粒的机械损伤,同时根冠细胞能够分泌黏液,黏液可以润滑根尖周围的土壤,减少根系生长时的摩擦力,还能促进根系对某些离子的吸收。

（二）分生区

分生区也被称为生长点,是根尖细胞分裂最活跃的区域。这里的细胞具有很强的分生能力,细胞体积小、排列紧密、细胞壁薄、细胞核大、细胞质浓。分生区细胞主要进行有丝分裂,通过不断地分裂产生新细胞。新产生的细胞一部分补充到根冠,维持根冠细胞的数量;另一部分则继续留在分生区保持分裂能力;还有一部分细胞开始向伸长区转移并逐渐分化。分生区细胞的分裂活动受到多种因素的调控,如植物激素、营养物质和环境条件等。

（三）伸长区

伸长区细胞是从分生区细胞分化而来,其主要特点是细胞迅速伸长。伸长区细胞的伸长是一个复杂的生理过程，涉及细胞壁的松弛和细胞内膨压的增加。在这个区域，细胞内的液泡不断增大，这对细胞的伸长起到了重要的推动作用。同时，细胞壁的成分和结构也在发生变化，例如，细胞壁中的纤维素微纤丝的排列方向和密度会调整，以适应细胞的伸长。伸长区细胞的伸长使根尖不断向土壤深处推进，为根系在土壤中的扎根奠定基础。

（四）成熟区（根毛区）

成熟区是根尖细胞分化成熟的区域，这里的细胞已经分化形成了各种组织，如表皮、皮层和维管柱等。成熟区的表皮细胞向外突出形成根毛，根毛是根系吸收水分和养分的主要部位。根毛的形成大大增加了根系与土壤的接触面积，根毛的长度和密度因植物种类而异。根毛细胞的细胞壁薄、细胞质浓厚、液泡较小，这有利于根毛进行物质的快速吸收。根毛的寿命较短，一般只有几天到几周，但新的根毛会不断地在成熟区产生，以保证根系持续的吸收功能。

二、根系的生长动态

（一）生长周期

1. 一年生植物根系生长周期

一年生植物的根系生长与植物的整个生命周期紧密相连。在种子萌发初期，胚根迅速生长形成主根，随后主根上开始产生侧根。在植物的营养生长阶段，根系生长迅速，不断扩展其在土壤中的分布范围，以吸收更多的水分和养分支持地上部分的生长。随着植物进入生殖生长阶段，根系生长速度逐渐减缓，更多的能量和物质被分配到花、果实和种子的发育上。当植物完成繁殖后，根系随着地上部分的死亡而死亡。

2. 多年生植物根系生长周期

多年生植物的根系生长周期更为复杂。在植物的幼年阶段，根系的生长主要是建立一个广泛而深入的根系基础，主根和侧根不断伸长和分支。随着植物年龄的增长，根系生长速度在不同季节会有所变化。例如，春季，随着气温升高和土壤解冻，根系开始活跃生长，这一时期根系的生长主要是为了满足地上部分新梢萌发和叶片展开对水分和养分的需求。夏季是根系生长的旺盛时期，此时土壤温度和湿度较为适宜，植物地上部分的光合作用也很强，能够为根系生长提供充足的能量和物质供应。秋季，根系生长速度逐渐减缓，但仍然在继续生长，主要是为了积累更多的养分，以备冬季和来年生长之需。冬季，在寒冷地区，根系生长基本停止，进入休眠状态；而在温暖地区，根系可能仍会有一定程度的缓慢生长。

（二）昼夜节律

根系的生长表现出明显的昼夜节律。一般来说，夜间根系的生长速度比白天快。这主要是因为在白天，植物地上部分进行光合作用，需要大量的水分和养分，根系主要忙于吸收和运输这些物质，以满足地上部分的需求。同时，白天土壤温度和湿度的变化较大，可能会对根系生长产生一定的干扰。而在夜间，地上部分的生理活动减弱，根系能够将更多的能量用于自身的生长和发育。此外，夜间土壤温度相对较为稳定，湿度也可能会有所增加，这些因素都有利于根系的生长。研究发现，许多植物的根系在夜间的生长速度明显高于白天，并且根毛的产生和发育在夜间也更为活跃。

第二节　根系的发育规律

一、根系的初级发育

（一）根原基的形成

根原基是根系发育的起始结构。根原基的形成是一个复杂的过程，受到植物激素、环境因素等多种因素的调控。在植物的胚轴、茎、叶等部位都有可能形成根原基。根原基的形成首先是细胞的脱分化，即已经分化的细胞重新恢复分裂能力。例如，在扦插繁殖时，植物的茎段在适宜的条件下，其切口处会有部分薄壁细胞脱分化，这些细胞经过一系列的分裂和分化，形成根原基的初始结构。植物激素在根原基的形成过程中起着关键的作用，生长素能够诱导根原基的形成，而细胞分裂素等激素则与生长素相互作用，共同调节根原基的形成和发育。

（二）主根的发育

主根是由种子的胚根发育而来。在种子萌发后，胚根迅速向下生长，形成主根。主根的发育过程中，其分生区不断地进行细胞分裂，伸长区细胞不断伸长，使主根不断向土壤深处延伸。主根的发育速度在植物的早期生长阶段较快，随着植物的生长，主根的生长速度会逐渐减缓，但仍然会持续生长。在主根的发育过程中，其周围会逐渐产生侧根，侧根的产生也是受到多种因素调控的。主根的发育对于植物的早期生长和固定具有重要意义，它能够深入土壤，为植物提供稳固的支撑，并从深层土壤中获取水分和养分。

（三）侧根的发育

侧根起源于主根的中柱鞘细胞。中柱鞘细胞经过脱分化，重新恢复分裂能力，然后进行平周分裂和垂周分裂，形成侧根原基。侧根原基进一步发育，突破主根的皮层和表皮，向外生长形成侧根。侧根的发育在主根生长到一定阶段后开始，其发育顺序通常是从主根的上部向下部逐渐进行。侧根的发育与主根的生长相互影响，侧根的产生和生长能够增加根系的分支和吸收面积，同时主根的生长状况也会影响侧根的发育。例如，主根的生长方向和生长速度会影响侧根的分布和生长角度。

二、根系的次级发育

（一）根的分支

根系的分支是一个持续的过程。在主根和侧根生长的过程中，会不断地产生新的分支。根的分支能够增加根系的复杂性和吸收面积。根的分支受到植物内部激素水平、营养状况以及外部环境因素的影响。例如，当土壤中养分充足时，根系的分支可能会更加频繁，以增加对养分的吸收。根的分支角度也有一定的规律，不同植物的根分支角度可能会有所差异，这与植物的生长习性和对环境的适应有关。根的分支结构可以分为不同的类型，如二叉分支、三叉分支等，这些分支类型在不同植物中具有一定的特异性。

（二）根的加粗生长

在一些木本植物中，根系会发生加粗生长。根系的加粗生长主要是由于维管形成层的活动。维管形成层位于根的木质部和韧皮部之间，它由一层具有分裂能力的细胞组成。维管形成层细胞不断地进行平周分裂，向内形成新的木质部，向外形成新的韧皮部，从而使根的直径不断增加。根系的加粗生长有助于提高根系的支撑能力和运输能力，使根系能够更好地适应植物地上部分不断增加的重量和对水分、养分的需求。在根系加粗生长的过程中，木质部和韧皮部的比例也会发生变化，这与植物的生长阶段和环境条件等因素有关。

（三）根的老化与更新

根系中的根会随着时间的推移而老化。老化的根吸收和运输能力下降，细胞结构逐渐破坏。例如，根毛的寿命较短，会不断地更新，而较粗的根在生长一定时间后也会出现老化现象。植物通过不断地产生新根更新老化的根系。新根的产生主要发生在根尖的分生区和侧根原基的形成部位。根系的老化与更新是一个动态的过程，它能够保证根系始终保持良好的功能状态。在根系老化过程中，一些细胞会发生程序性死亡，这一过程受到植物内部信号和环境因素的调控。

第三节　不同类型根系生长发育的特点

植物根据其生命周期和生态习性可以分为多种类型，每种类型的植物根系生长发育都有其独特的特点。

一、一年生草本植物

（一）快速生长

一年生植物的根系在种子萌发后迅速生长，以尽快建立稳固的根系结构。这种快速生长有助于植物在短时间内获取足够的水分和养分，支持地上部分的快速生长。

（二）主根和侧根

一年生植物通常具有明显的主根和侧根结构。主根向下生长，负责深入土壤深处获取水分和养分；侧根横向生长，扩展根系的分布范围，增加对土壤中养分的吸收面积。

（三）根毛发达

一年生植物的根系通常具有发达的根毛。根毛是根表面的细小突起，增加了根系与土壤接触的表面积，从而提高了水分和养分的吸收效率。

（四）适应性强

由于一年生植物的生命周期较短，它们的根系具有较强的适应性，能够在不同类型的土壤中生长。例如，在贫瘠的土壤中，根系会更加密集地生长，最大限度地吸收有限的养分。

（五）周期性变化

一年生植物的根系生长具有明显的周期性变化。在生长初期，根系快速增长；在开花期，根系的生长速度减缓，更多资源被分配到花和果实的发育上；在结实期，根系逐渐衰老，最终随着植物的死亡而枯萎。

（六）对环境的响应

一年生植物的根系对环境变化非常敏感。例如，干旱条件下，根系会向更深的土壤层生长，以寻找水源；而在湿润环境中，根系则会更多地分布在表层土壤中，以充分利用表层的养分和水分。

（七）共生关系

一些一年生植物的根系可以与土壤中的微生物形成共生关系，如与菌根真菌共生，这有助于提高植物对养分的吸收能力，增强抗逆性。

二、多年生草本植物

（一）持久性

多年生植物的根系具有持久性，能够长期存活并逐年扩展。这使它们在土壤中的根系结构更为复杂和稳定。

（二）深根和浅根

多年生植物的根系既可以深根也可以浅根，具体取决于植物种类和生长环境。深根植物如树木，根系可以深入地下几米，而浅根植物如草本植物，根系主要分布在表层土壤中。

（三）储藏功能

一些多年生植物的根系具有储藏功能，能够储存大量的营养物质，以供植物在不利条件下使用。例如，块根植物的根部可以储藏大量淀粉和糖分。

（四）再生能力强

多年生植物的根系具有较强的再生能力，即使受到损伤，也能较快恢复。这种特性使它们在自然环境中具有较强的竞争力。

（五）季节性变化

多年生植物的根系生长具有季节性变化。在生长季节，根系活跃生长；在休眠季节，根系活动减弱，进入休眠状态。

三、木本植物

（一）主根发达

木本植物的根系通常具有发达的主根，主根向下生长，深入土壤深处，能够获取深层的水分和养分。

（二）侧根和须根

木本植物的根系除了主根外，还有大量的侧根和须根。侧根横向生长，扩展根系的分布范围；须根则分布在表层土壤中，增加对水分和养分的吸收面积。

（三）储藏功能

木本植物的根系具有储藏功能，能够储存大量的营养物质，以供植物在不利条件下使用。例如，树根可以储藏大量水分和养分。

（四）支持作用

木本植物的根系不仅具有吸收功能，还具有支持作用。强大的根系能够支撑高大的树干，防止倒伏。

（五）再生能力强

木本植物的根系具有较强的再生能力，即使受到损伤，也能较快恢复。这种特性使它们在自然环境中具有较强的竞争力。

不同类型植物的根系生长发育具有不同的特点，这些特点与其生命周期、生态习性和生长环境密切相关。了解这些特点有助于更好地进行植物栽培和管理，提高植物的生长质量和产量。

四、草本植物与木本植物根系的不同

（一）根系类型与结构

1. 草本植物根系

（1）类型

多数草本植物为须根系，由许多粗细相近的不定根组成，没有明显的主根。例如小麦、水稻等禾本科植物，它们的根系从茎的基部或胚轴上生出众多不定根，这些不定根在土壤中形成较为密集的根系网络。

（2）结构

草本植物根系相对较浅，根系分布范围多集中在土壤的表层。这是因为草本植物生长周期相对较短，不需要深入土壤去获取长期稳定的水源和养分。例如，一些一年生草本植物，在短暂的生长季节里，只需吸收土壤表层相对容易获取的水分和养分就能满足生长需求。

草本植物的根系通常较细，根的直径较小。其根毛相对较多，这有助于在有限的根系体积下增加与土壤的接触面积，从而提高对水分和养分的吸收效率。

2. 木本植物根系

（1）类型

木本植物大多为直根系，具有明显发达的主根和从主根上生出的各级侧根。像桃树、杨树等木本植物，主根生长迅速且深入土壤，侧根则在主根周围向四周扩展延伸。不过，也有部分木本植物存在须根系，如一些灌木树种。

（2）结构

木本植物根系往往扎根很深，尤其是一些高大的乔木。例如，成年的松树主根可以深入地下数米甚至十几米，以获取更深处的水源，这有助于在干旱等环境下生存。

木本植物的根系直径较大，根的结构更加粗壮，能够承受较大的地上部分重量并提供稳固的支撑。同时，木本植物的根系还具有复杂的木质部和韧皮部组织，以适应长期的生长和物质运输需求。

（二）生长速度与寿命

1.草本植物根系

（1）生长速度

草本植物根系生长速度较快，特别是在生长初期。这是为了能够迅速在土壤中扎根并吸收养分，以支持地上部分的快速生长。例如，许多草本花卉在播种后的几周内，根系就能迅速扩展，为叶片和茎的生长奠定基础。

（2）寿命

草本植物根系的寿命通常较短，尤其是一年生和二年生草本植物。一年生草本植物的根系在一个生长季节后就会死亡，而二年生草本植物的根系在第二个生长季节结束后也会死亡。多年生草本植物的根系虽然可以存活多年，但与木本植物相比，其根系的更新换代速度相对较快。

2.木本植物根系

（1）生长速度

木本植物根系生长速度相对较慢，但持续时间长。尤其是在树木的幼年阶段，根系会不断地向四周和深处延伸，随着树木年龄的增长，根系的生长速度会逐渐减缓，但仍在持续生长和发育。

（2）寿命

木本植物根系的寿命较长，可以存活几十年甚至上百年。在树木的生长过程中，根系不断进行自我更新，老根逐渐死亡，新根不断生长，以维持根系的正常功能。

（三）功能侧重

1.草本植物根系

草本植物根系更侧重于快速吸收土壤表层的养分，尤其是在生长季节。由于草本植物地上部分生长迅速，需要根系及时提供大量的水分和养分，如氮、磷、钾等元素，以支持叶片的光合作用和茎的伸长生长。此外，草本植物根系在防止土壤侵蚀方面也起着重要作用，尤其是在草原等草本植物群落中，众多草本植物的根系相互交织，固定土壤颗粒，减少水土流失。

2. 木本植物根系

木本植物根系除了吸收水分和养分外，更强调对植株的支撑作用。高大的木本植物树干和树冠较重，发达的根系能够深入土壤并向四周扩展，像锚一样将树木固定在地面，防止倒伏。同时，木本植物根系长期处于生态系统中，对土壤结构的改良作用更为显著。随着根系的生长、死亡和分解，能够增加土壤的通气性、透水性和肥力，对整个森林生态系统的稳定和发展具有重要意义。

第四节　影响根系生长发育的因素

一、遗传基因

植物的基因决定了根系的基本结构和生长发育模式。不同植物种类具有不同的根系类型（如直根系或须根系），这是由基因决定的。例如，双子叶植物大多具有直根系，而单子叶植物多为须根系。基因还控制着根系生长发育的速度、根细胞的分化过程、根毛的发育等。一些基因的突变会导致根系发育异常，如某些突变体可能会出现根毛缺失或根系分支减少等现象。

二、土壤性质

（一）土壤物理性质

1. 土壤质地

土壤质地对根系生长影响显著。砂质土壤颗粒较大，通气性和透水性良好，但保水保肥能力较差。在砂质土壤中，根系生长迅速，但由于土壤颗粒间空隙较大，根系难以与土壤紧密结合，分支较少，并且根系较细。黏质土壤颗粒细小，保水保肥能力强，但通气性和透水性差。在黏质土壤中，根系生长缓慢，容易缺氧，导致根系发育不良，常形成短而粗的根系。壤土的颗粒大小适中，兼具砂质土壤和黏质土壤的优点，通气性、透水性和保水保肥能力都比较适中，有利于根系的生长和发育，根系在壤土中能够形成发达的分支结构。

2. 土壤结构

良好的土壤结构对于根系生长至关重要。土壤团聚体结构能够提供良好的通气性、透水性和根系生长空间。例如，具有团粒结构的土壤，其大的团聚体之间有空隙，能够让空气和氧气自由进入，小的团聚体内部又能保持一定的水分和养分，这样的土壤环境有利于根系的延伸和分支。土壤板结会抑制根系生长，因为板结的土壤通气性差，根系无法获得足够的氧气，同时也限制了根系在土壤中的伸展空间。

3. 土壤温度

不同植物的根系生长有其适宜的土壤温度范围。一般来说，大多数植物根系在 10~30 ℃ 的土壤温度下生长良好。土壤温度过低会降低根系的生长速度，甚至导致根系停止生长。例如，在寒冷的冬季，许多植物的根系生长基本停止，这是因为低温会影响根系细胞的生理活性，如降低细胞膜的流动性、抑制酶的活性等。土壤温度过高也会对根系产生不利影响，高温可能会破坏根系细胞的结构和功能，影响根系的吸收和运输能力，还可能导致根系呼吸作用过强，消耗过多的能量和氧气。

4. 土壤湿度

土壤湿度是影响根系生长的关键因素之一。适度的土壤湿度能够保证根系的正常生长。土壤水分过多会使土壤通气性变差，导致根系缺氧，引起根系腐烂。例如，在排水不良的低洼地区，植物根系容易受到水涝的危害。土壤水分过少则会使根系难以吸收到足够的水分，导致根系生长缓慢，甚至萎缩。不同植物对土壤湿度的要求有所不同，一些耐旱植物能够在相对干燥的土壤中生长，它们的根系具有特殊的适应机制，如发达的深根系或具有较强的保水能力；而一些水生植物则能够在淹水的环境中生长，它们的根系具有发达的通气组织，以保证在缺氧环境下的呼吸作用。

（二）土壤化学性质

1. 土壤养分

土壤中的养分状况直接影响根系的生长。氮、磷、钾等大量元素对根系生长有重要作用。氮素是植物生长的关键元素，适量的氮素供应能够促进根系的生长和发育，增加根系的长度和分支数量。磷素有助于根系的细胞分裂和能量代谢，对根系的早期生长尤为重要。钾素能够提高根系的抗逆性，使根系更加健壮。此外，土壤中的中微量元素，如钙、镁、锌、硼等，虽然需求量较少，但对根系的正常生长也不可或缺。缺乏这些元素可能会导致根系生长异常，如缺钙会影响细胞壁的形成，使根系变脆；缺锌会抑制根系的伸长和分支等。

2. 土壤酸碱度

土壤的酸碱度对根系生长有显著的影响。不同的植物对土壤酸碱度有不同的适应范围。酸性或碱性过强的土壤都会对根系生长产生抑制作用。在酸性土壤中，一些营养元素如磷、钙、镁等容易被固定，难以被根系吸收，同时酸性土壤中的铝、锰等元素可能会对根系产生毒害作用。在碱性土壤中，铁、锌、锰等微量元素的有效性降低，根系难以吸收到足够的这些元素，从而影响根系的正常生长。例如，茶树适宜生长在酸性土壤中，而碱蓬则能够在碱性土壤中生长良好。

三、外源物质

（一）植物激素

1. 生长素

生长素在根系生长中起着重要的调节作用。生长素主要在植物的根尖合成，然后向根基部运输。生长素能够促进根系细胞的伸长，调节根系的向性生长，如向重力性和向水性。在生长素浓度较低时，能够刺激根系的生长，而过高浓度的生长素则会抑制根系生长。生长素还能影响侧根的形成和分布，通过调节侧根原基的起始和发育控制根系的分支结构。

2. 细胞分裂素

细胞分裂素对根系生长也有一定的调节作用。它主要由植物的地上部分合成，然后运输到根部。细胞分裂素能够促进根系细胞的分裂，增加根系的分生区细胞数量，从而影响根系的生长和发育。细胞分裂素与生长素之间存在着相互作用，它们共同调节根系的生长和结构。例如，在侧根形成过程中，细胞分裂素和生长素的比例会影响侧根原基的形成和发育。

3. 赤霉素

赤霉素对根系生长的影响较为复杂。在某些情况下，赤霉素能够促进根系的伸长和分支，而在其他情况下，也可能会抑制根系的生长。其作用效果可能与植物的种类、生长阶段以及环境条件等因素有关。例如，在一些植物的种子萌发初期，赤霉素能够促进胚根的生长，但在植物的后期生长中，赤霉素可能会对根系生长产生不同的影响。

4. 脱落酸

脱落酸主要在植物受到逆境胁迫时起作用。在干旱、低温等逆境条件下，植物体内脱落酸含量增加，它能够抑制根系的生长，使根系减少对水分和养分的吸收，从而提高植物的抗逆性。同时，脱落酸也能调节根系的向性生长，例如，在水分胁迫下，脱落酸会促使根系向水分充足的方向生长。

（二）新型"植物激素"类

这些物质虽然不完全符合传统植物激素的定义，但已被证实对植物生长发育具有重要影响。它们可以通过影响其他内源激素的水平或直接参与植物的生理生化过程调节根系生长。

1. 水杨酸

水杨酸是一种广泛存在于植物体内的酚类化合物，它在植物的抗病、抗逆等生物和非生物胁迫以及根系生长发育过程中起到重要作用。外源施加水杨酸可以通过促进细胞分裂和伸长增加根系的长度和生物量，同时还可以提高根系的抗氧化能力和适应性。

2. 茉莉酸

茉莉酸是另一种重要的植物激素，它在植物的抗逆反应中发挥着关键作用。在根系生长方面，茉莉酸可以通过调控细胞壁松弛和细胞分裂影响根系的生长。然而，茉莉酸的作用具有复杂性，它既可以促进也可以抑制根系的生长，这取决于植物的种类和环境条件。

3. 黄腐植酸

黄腐植酸（FA）是腐植酸的一种，它在土壤-植物系统中具有重要的生态功能。外源黄腐植酸可以显著影响根-土界面的元素转化、分布和动态模式，进而间接影响根际环境中养分、稀土元素（REE）及重金属离子的进入量。此外，黄腐植酸还可以通过改变根际pH值影响养分和金属元素的转化与分布。

4. γ-氨基丁酸

γ-氨基丁酸（GABA）是一种非蛋白质氨基酸，在植物体内起着重要的生理作用。研究表明，外源γ-氨基丁酸能显著增加盐胁迫下玉米幼苗的根长、根表面积、根体积、根尖数及根系干物质质量，同时提高根系活力和可溶性蛋白含量。γ-氨基丁酸还能通过提高抗氧化酶活性和改变内源激素平衡降低根系的氧化损伤，维持细胞膜的完整性，从而改善根系的生长状况。

（三）外源化学物质

这是指外界存在而非机体内部所产生的化学物质，如食品添加剂、药物及其辅料、环境污染物、日用品添加剂等。这些物质可能通过不同途径进入植物体内，对根系生长产生影响。然而，需要注意的是，并非所有外源化学物质都对植物有益，有些甚至可能对植物产生毒性作用。

四、光照

光照通过影响植物地上部分的光合作用间接影响根系的生长发育。充足的光照能使地上部分进行旺盛的光合作用，合成大量的碳水化合物等有机物质。这些有机物质会被运输到根部，为根系生长提供能量和物质基础，促进根系的生长、分支和加粗等发育过程。相反，光照不足会导致地上部分生长不良，合成的有机物质减少，从而影响根系的生长发育，可能使根系生长缓慢、分支减少、根系变细等。

五、微生物

（一）共生关系

植物根系与微生物之间存在多种共生关系，这些关系对根系生长发育有重要影响。例如，许多植物的根系能与菌根真菌形成共生关系。菌根真菌可以扩大根系的吸收范围，帮助植物吸收土壤中的磷、锌等难以吸收的养分，同时植物为菌根真菌提供碳水化合物等营养物质。豆科植物的根系与根瘤菌共生，根瘤菌能够固定空气中的氮气，为植物提供氮素营养，这对根系的生长和植物的整体发育非常有利。

（二）病原微生物

一些病原微生物会侵害根系，抑制根系的生长发育。例如，根腐病菌会感染根系，破坏根系细胞结构，导致根系腐烂，从而严重影响根系的正常功能和生长。植物在遭受病原微生物侵害时，会启动自身的防御机制，但这也会消耗能量和营养物质，间接影响根系的生长发育。

第三章

根系生长发育调节

第一节　根系健康判断方法

一、外观观察

（一）颜色

1. 健康根系

健康的植物根系通常呈现白色或浅黄色。例如，刚从土壤中挖出的健康幼苗根系，颜色洁白，这表明根系活力旺盛，没有受到不良环境或病害的严重影响。

2. 不健康根系

如果根系颜色变为褐色、黑色或出现深色斑点，可能是根系受到了病害侵袭，例如，根腐病会使根系组织坏死、颜色变深。根系颜色发暗也可能是因为土壤透气性差，导致根系缺氧，发生腐烂的迹象。

（二）形状与结构

1. 健康根系

直根系植物（如大豆）的主根粗壮且长，侧根分布均匀，粗细适中。主根深入土壤，侧根从主根向四周延伸，整体结构稳固，这有助于植物在土壤中更好地固定和吸收养分。

须根系植物（如小麦）的根系呈现出大量细密、长短相近的不定根，这些根相互交织，形成一个密集的网络。这种结构有利于广泛吸收土壤表层的水分和养分。

2. 不健康根系

当根系出现畸形，如局部肿大、根结时，可能是受到线虫等害虫的侵害。线虫寄生在根系上，会导致根系细胞异常增生，形成根结，影响根系正常的吸收和运输功能。如果根系过于纤细、脆弱，缺乏应有的粗细和韧性，可能是由于土壤肥力不足，缺乏如磷、钾等养分，导致根系发育不良。

（三）根毛

1. 健康根系

健康的根系上应该有大量细小的根毛。根毛是根系吸收水分和养分的重要部位，在微观视角下，像许多微小的绒毛附着在根表面。例如，在洋葱幼苗的根系上，可以清晰地看到密集的根毛，这表明根系功能正常，能够有效地进行物质吸收。

2. 不健康根系

如果根毛稀少或缺失，可能是土壤环境不适宜，如土壤过于干旱或盐碱化，会抑制根毛的生长，从而影响根系的吸收能力。

二、生长状况关联判断

（一）地上部分生长

1. 健康根系

当根系健康时，植物的地上部分会生长旺盛。叶片呈现正常的颜色（如绿色植物叶片为鲜绿色），叶面积大且厚实，这是因为健康的根系能够充分吸收水分和养分，为地上部分的生长提供充足的物质基础。例如，一棵根系健康的苹果树，叶片繁茂，果实发育良好，树干粗壮。植物的茎干挺直，具有足够的强度支撑地上部分的枝、叶和果实。这是因为健康的根系能够稳固地固定植株，防止倒伏。

2. 不健康根系

如果根系受损或不健康，地上部分会出现相应的症状。叶片可能会发黄、枯萎，这是由于根系无法正常吸收水分和养分，导致叶片缺乏必要的营养物质供应，如缺乏氮元素时叶片会变黄。植株生长缓慢，茎干细弱，容易倒伏，例如，玉米如果根系发育不良，在遇到风雨天气时，很容易发生倒伏现象，而且植株的高度和叶片数量都会比健康植株少。

（二）新根生长情况

1. 健康根系

健康的植物会不断有新根生长。在适宜的生长条件下，新根的生长速度较快，并且新根的颜色、形态正常。例如，在春季，许多花卉植物（如月季）在换盆时可以看到大量白色的新根从老根上萌发，这是根系活力强的表现。

2. 不健康根系

如果长时间没有新根生长，或者新根生长缓慢、颜色异常，说明根系可能存在问题。可能是土壤中存在有害物质抑制了新根的萌发，或者是根系受到了病菌感染，影响了其再生能力。

第二节　基因调控

一、基因的种类及调控机制

（一）根分生组织特异性基因

维持根分生组织的生长和分化。比如*SHORT ROOT*（*SHR*）基因，它在根的径向模式形成中起关键作用，通过调控细胞分裂和分化，影响根分生组织细胞的命运，使根能够持续生长和产生新的细胞。其表达产物可调节周围细胞的发育，促进中柱细胞的形成和分化。

（二）根毛发生相关基因

决定根毛的发生和发育。例如*WER*基因，编码*R2-R3*类的*MYB*转录因子，在根表皮细胞的特定位置表达，促进非毛细胞的分化或抑制根毛细胞形成；而*CAPRICE*（*CPC*）基因也是*MYB*家族一员，与*WER*竞争结合相关蛋白，促进根毛细胞的发育。当*WER*基因功能缺失时，所有表皮细胞可能发育成根毛。

（三）侧根发生相关基因

参与侧根的萌发和生长。像*AUXIN SIGNALING F-BOX PROTEIN 3*（*AFB3*）基因，它在生长素信号通路中起作用，生长素通过与受体结合激活相关信号转导，AFB3等蛋白参与其中，调控侧根原基的形成和侧根的生长。另外，*LATERAL ROOT PRIMORDIUM1*（*LRP1*）基因在侧根原基的早期发育阶段发挥重要功能。

（四）根系生长相关基因

对根系的整体生长和伸长进行调控。如*AUXIN RESPONSE FACTOR 7*（*ARF7*）基因，它是生长素响应因子家族成员，可调节一系列下游基因的表达，促进根尖细胞的分裂和伸长，从而推动根系的生长。

二、激素信号通路中的基因调控

（一）生长素信号通路

生长素是根系发育的关键激素之一，众多基因参与其中。例如 *AUX1* 基因编码生长素流动载体，促进生长素的运输和分布，影响根系的生长方向和伸长。当 *AUX1* 基因突变时，会导致生长素运输受阻，根系生长出现异常。还有 *AXR2/IAA7* 基因，编码假定的生长素反应转录调节子，其突变会降低根毛对生长素的反应，使根毛数量减少。

（二）细胞分裂素信号通路

细胞分裂素通过与细胞分裂素受体 *CKI* 结合，抑制细胞周期蛋白激酶 *CDK* 的活性，进而促进细胞分裂和根系生长。*CKI* 基因家族成员编码细胞分裂素受体，参与细胞分裂素信号通路的调控，而 *CDK* 基因家族编码细胞周期蛋白激酶对细胞分裂起关键作用。

（三）乙烯信号通路

乙烯对根系发育有抑制和促进双重作用。如 *ETR1* 基因编码乙烯受体，当乙烯与其受体结合后，通过一系列信号转导，可影响根系的生长和发育。在根毛发育中，乙烯能促进非毛细胞发育成毛细胞以及毛细胞的伸长。

三、其他基因调控途径

（一）表观遗传调控

DNA 甲基化和染色体组装水平等表观遗传因素会影响根系的形态和生长。例如，某些基因的甲基化状态改变可能导致其表达受抑制或激活，从而影响根系发育。在植物生长发育过程中，不同的环境刺激可引起表观遗传变化，进而调控根系的适应性生长。

（二）转录因子调控网络

许多转录因子形成复杂的调控网络控制根系发育。除了上述提到的 *MYB*、*ARF* 等转录因子家族外，*MADS-box* 转录因子家族中的 *AGL17* 亚家族也在调控根系发育中发挥重要作用。如在小麦中，*TaANR1* 和 *TaMADS25* 可协同调控木质素合成相关基因的表达及根系中木质素的积累，从而影响根系的发育和功能。

四、基因调控案例

（一）乙烯与其他植物激素互作调控水稻根系

中国农业科学院生物技术研究所作物耐逆性调控与改良创新团队研究发现乙烯与其他植物激素互作协同调控水稻根系发育的分子机制。乙烯信号核心转录因子 $OsEIL1$ 能直接结合到赤霉素代谢基因 $OsGA2ox1/2/3/5$ 的启动子上激活它们的表达，降低根中活性赤霉素含量，从而抑制根尖分生区的细胞增殖，并最终抑制水稻根的生长。这一机制在农业生产中的应用可以通过调控乙烯和赤霉素的含量影响水稻根系的生长。例如，在水稻种植过程中，可以通过合理使用生长调节剂调节乙烯和赤霉素的平衡，从而达到优化水稻根系结构的目的。如果需要促进水稻根系生长，可以适当降低乙烯的含量或增加赤霉素的含量；反之，如果需要控制根系生长，可以增加乙烯含量或降低赤霉素含量。此外，还可以通过遗传育种的方法，选育对乙烯和赤霉素响应不同的水稻品种，以满足不同农业生产环境的需求。

（二）硝和铵供应下水稻根系生长调控机制

南京农业大学徐国华课题组的研究揭示了在硝态氮和（或）铵态氮供应条件下水稻根系生长的调控机制。研究发现硝态氮运输辅助蛋白 OsNAR2.1 与两个腈水解酶蛋白 OsNIT1、OsNIT2 存在蛋白互作。在供应硝态氮条件下，分别敲除 OsNAR2.1、OsNIT1、OsNIT2，尤其是同时敲除 OsNAR2.1 和 OsNIT2，会导致主根变短和侧根密度的下降。在供应铵态氮条件下，敲除 OsNIT1 和 OsNIT2 仍导致主根变短和侧根密度的下降，增强 $GH3$ 家族基因和 $PIN2$ 基因的表达，抑制生长素向根尖的分配。在农业生产中，可以根据这一机制合理调整土壤中硝态氮和铵态氮的比例，以优化水稻根系生长。例如，在水稻生长的不同阶段，根据其对氮素的需求，合理施用含有不同比例硝态氮和铵态氮的肥料。在水稻生长初期，可以适当增加铵态氮的比例，促进根系生长；在生长后期，可以增加硝态氮的比例，提高水稻的光合作用能力，进而促进水分吸收。同时，也可以通过遗传育种的方法，选育对不同氮素形态响应不同的水稻品种，以提高水稻的产量和品质。

（三）小麦根系生长调控基因

西北农林科技大学农学院许盛宝教授团队挖掘到一个新的调控小麦苗期根系生长的基因——$TaFMO1$-$5B$。该基因编码含黄素单加氧酶1，其表达量与总根长和根表面积呈显著负相关。在农业生产中，可以利用这一基因资源进行小麦根系结构的遗传改良。例如，通过基因编辑技术或传统育种方法，调控 $TaFMO1$-$5B$ 基因的表达，以获得根系更加发达的小麦品种。发达的根系可以提高小麦对水分和养分的吸收能力，增强小麦的抗逆性，从而提高小麦的产量和品质。此外，还可以结合不同的栽培管理措施，如合理施肥、灌溉等，进一步发挥 *TaFMO1-5B* 基因在小麦根系生长调控中的作用。

（四）半干旱区春玉米根系吸水机制

西北农林科技大学农学院旱作节水团队在半干旱区垄沟集雨种植方式下春玉米根系吸水机制研究方面取得进展。研究结果表明，与垄下相比，沟中根系从较浅土层中吸收更多水分，各土层对玉米根系吸水的贡献率与本土层中根系分布比例呈显著正相关。在农业生产中，可以利用这一机制优化半干旱区春玉米的种植方式。例如，采用垄沟集雨种植技术，有效地收集地表径流，促进土壤水分的重新分配，从而改变春玉米根系的时空分布，优化根系吸水，提高水分利用效率。同时，可以结合其他农业措施，如合理施肥、选择适宜的品种等，进一步提高春玉米在半干旱地区的产量和品质。

第三节　外源物质调节

根系发育受到多种外源物质（含激素）的调控，如生长素促进初生根和侧根的发生和伸长，并抑制侧根的形成；细胞分裂素促进侧根的发生和伸长，并抑制初生根的伸长；乙烯抑制根系的发育，并促进侧根的形成；脱落酸抑制根系的发育，并促进侧根的形成；赤霉素促进根系的发育，并抑制侧根的形成。例如，中国农业科学院生物技术研究所作物耐逆性调控与改良创新团队研究发现乙烯信号核心转录因子 *OsEIL1* 能直接结合到赤霉素代谢基因 *OsGA2ox1/2/3/5* 的启动子上激活它们的表达，降低根中活性赤霉素含量，从而抑制根尖分生区的细胞增殖，并最终抑制水稻根的生长。

一、激素调节

（一）生长素对根系生长的调控作用

生长素在根系生长中起着关键作用。低浓度的生长素可以促进根系生长，它能够促进根原基细胞的分裂和伸长，使根原基逐渐发育成为根系，还能诱导根原基向土壤中的生长，使根系能够深入土壤，吸收水分和养分。同时，生长素还能够抑制侧根的形成，使主根更加粗壮，提高植物的生存能力。生长素在生根过程中的作用机制主要包括激活根原基细胞内的相关基因表达，促进细胞分裂和伸长；而高浓度的生长素则会抑制细胞分裂和伸长，甚至导致细胞死亡。此外，生长素必须通过质膜触发根系生长的抑制反应，细胞内生长素浓度是生长抑制的基础。生长素介导的生长抑制在整个过程中均不涉及转录组重编程，而当生长素浓度降低时能够非常快速地响应。生长素调控植物根尖干细胞维持，整合内在的发育信号和外在的环境信号调控植物根可塑性生长发育。

（二）细胞分裂素对根系生长的调控作用

细胞分裂素对根系生长具有明显的抑制作用。它主要是通过调控根顶端分生组织而实现对根系生长发育的调控。降低内源细胞分裂素的含量或阻断其信号转导通路都会引起根端分生组织区域的增大，反之则会引起根端分生组织的缩小。在根部过渡区，细胞分裂素促进细胞分化并减少分生区细胞的数目，从而负调节根端分生组织的大小。细胞分裂素主要通过抑制侧根原基的起始以及抑制侧根生长面调控侧根发育。细胞分裂素与生长素的相互作用在调控根系发育中具有重要意义。

（三）乙烯对根系生长的调控作用

乙烯能抑制根系生长。乙烯不敏感突变体呈现减弱向地性表型和浅根系构型，暗示了乙烯在水稻根系生长角度调控机制中的重要作用。乙烯通过促进生长素合成进而促进根系生长角度。中国农业科学院发现乙烯可促进高硬度土壤中的根系生长，为适应紧实的土壤环境，乙烯信号核心转录因子会在根中明显积累，从而激活水稻冠根发育关键基因的表达，促进冠根原基的起始伸长和冠根数目的增加。

（四）脱落酸对根系生长的调控作用

脱落酸在植物应答干旱胁迫过程中具有重要作用。脱落酸调控不同干旱阶段中根系生长，中度干旱可以促使番茄主根伸长以吸收深层土壤的水分；重度干旱过程中，植物通过维持一定数量的侧根数、主根及总根长以存活；旱后复水则恢复了侧根的生长。脱落酸作用于生长素的上游调控水稻根系对土壤紧实度的响应，抑制水稻初生根的纵向伸长，促进根的横向生长。

（五）赤霉素对根系生长的调控作用

赤霉素能促进植物茎和根的快速生长，广泛分布于植物的生长旺盛部分。缺钾条件下，赤霉素稳态也受到钾离子调节，外源施用赤霉素可以部分恢复缺钾状态下的侧根发育。赤霉素信号在钾素缺乏条件下介导侧根发育，主要是通过抑制分生组织中的细胞分裂导致侧根伸长受到抑制，而赤霉素可以缓解这种抑制。赤霉素还可促种子萌发、根茎叶生长、花和果实发育。

二、新型"植物激素"类物质调节

（一）水杨酸

水杨酸是一种重要的植物内源激素，对植物的生长发育、抗逆性以及根系生长等具有显著影响。

1. 抑制作用

多项研究表明，外源水杨酸可以抑制水稻根系的生长。这种抑制作用可能与水杨酸通过干扰 OsPIN3t 和网格蛋白介导的基因调控网络（GRN）相关的生长素运输有关。具体来说，水杨酸可以通过抑制细胞胞吞改变生长素运输，从而影响根系的生长。

2. 促进作用

尽管水杨酸在某些情况下会抑制根系生长，但也有研究显示它可以通过其他机制促进根系发育。例如，水杨酸可以通过抑制根尖活性氧清除相关基因的表达维持根尖活性氧的水平，从而促进根系分生组织的活力。此外，水杨酸还参与了植物根系与根际微生物之间的互作，这也可能间接促进根系的生长。

（二）茉莉酸

茉莉酸是一种重要的植物激素，在根系生长方面，茉莉酸的作用机制复杂而多样，既包括对细胞分裂和伸长的直接影响，也涉及与其他激素如生长素的互作调控。

1. 抑制作用

研究表明，茉莉酸对水稻等作物的主根、冠根和侧根的生长具有负调控作用。这种抑制作用的实现可能通过影响生长素的合成和运输。例如，在水稻根系中，茉莉酸处理会导致多个生长素合成基因（如 OsYUCCAs）显著下调表达，同时生长素输出载体基因（如 OsPIN1b、OsPIN1c、OsPIN2、OsPIN9）也受到抑制。这些变化减少了生长素在根系中的积累和分布，从而抑制了根系的生长。

2. 促进作用

尽管茉莉酸在某些情况下会抑制根系生长，但它也可以通过改变干细胞活性促进根系的可塑性发育和再生。具体来说，茉莉酸与生长素互作，通过调控干细胞微环境的细胞学结构，影响根尖干细胞的维持和分生组织活性，进而促进侧根的发生。此外，茉莉酸还参与了损伤诱导的组织修复过程，这有助于根系在受损后的再生和恢复。

（三）油菜素甾醇

油菜素甾醇是植物生长发育中不可或缺的一种激素，它在植物根系生长过程中发挥着重要作用。

1. 促进作用

油菜素甾醇能够显著促进植物根系的生长。通过外源施加油菜素甾醇或利用基因工程技术提高植物体内油菜素甾醇的含量，可以观察到根长、根径以及侧根数目的增加。这种促进作用可能与油菜素甾醇调控细胞壁松弛有关，使细胞更容易扩展和分裂，从而促进根系的伸长和增粗。

促进机理：油菜素甾醇可以通过影响细胞壁重构基因 XTH19 和 XTH23 的表达促进侧根的发育。这些基因在细胞壁重构和影响植物生长发育方面有重要作用，它们的表达受到油菜素甾醇信号的调控。

2. 浓度依赖性

油菜素甾醇对根系生长的促进作用具有浓度依赖性。低浓度的油菜素甾醇可以促进根系的生长，而高浓度则可能产生抑制作用。因此，在实际应用中需要精确控制油菜素甾醇的施用浓度，以达到最佳的促根效果。

（四）黄腐植酸

1. 促进细胞分裂与伸长

黄腐植酸能够刺激根尖分生组织的细胞分裂和伸长，从而增加根系的生长速度和长度。这种作用主要通过提高植物体内生长素的水平实现。

2. 增强根毛的形成

根毛是根系吸收水分和养分的重要部位。黄腐植酸能够促进根毛的形成，增加根毛的数量和密度，从而提高根系的吸收能力。这一作用有助于植物在贫瘠或干旱的环境中更好地生存和生长。

3. 改善土壤结构

黄腐植酸具有良好的胶体性质，能够改善土壤的结构，增加土壤的通气性和保水性。良好的土壤结构有利于根系的健康生长，减少根系病害的发生。

4. 提高抗逆性

黄腐植酸能够增强植物的抗逆性，包括抗旱、抗寒和抗盐碱等。这对于根系在恶劣环境下的生存和发展尤为重要。通过提高根系的抗逆性，黄腐植酸有助于植物在更广泛的生态条件下生长。

5. 促进矿物质吸收

黄腐植酸能够与土壤中的矿物质形成可溶性络合物，提高矿物质的生物有效性，从而促进根系对这些必需元素的吸收。这对于植物的营养平衡和健康生长至关重要。

6. 调节土壤微生物活性

黄腐植酸还能影响土壤微生物的活性，促进有益微生物的生长，抑制病原微生物的活动。健康的土壤微生物群落有助于改善根系的生长环境，减少病害的发生。

7. 增强抗氧化能力

黄腐植酸具有一定的抗氧化性能，能够减少自由基对植物细胞的伤害，保护根系细胞的健康。

8. 促进有机物质的分解

黄腐植酸能够促进土壤中有机物质的分解，释放更多的养分供植物吸收。这有助于提高土壤肥力，为根系提供充足的营养支持。

三、外源化学物质调节

（一）稀土元素

稀土元素是一类具有独特电子结构的金属元素，它们在植物的生长和发育过程中具有重要作用。稀土元素在调节植物根系生长方面具有显著作用，它们通过多种机制影响根系的发育和功能。

1. 促进根系生长

（1）直接促进作用

外源施加稀土元素可以直接促进植物根系的生长。例如，适量的稀土元素可以增加根长、根重和根系体积。这种促进作用可能与稀土元素提高了根系细胞的分裂和伸长能力有关。

（2）增强根系活力

稀土元素还能提高根系活力，促进根分化和代谢活动，从而提高根对营养元素的吸收能力。这对于植物在逆境条件下的生存和生长尤为重要。

2. 改善土壤环境

（1）调节土壤pH值

稀土元素的应用可以改变土壤的pH值，使其更适合植物根系的生长。适宜的土壤pH值有助于根系更好地吸收养分和水分。

（2）促进土壤微生物活性

稀土元素还可以促进土壤微生物的活性，这些微生物能够分解有机质，释放养分供植物根系吸收。同时，微生物的活性还能改善土壤结构，使根系更容易在其中生长。

3. 提高植物耐逆性

（1）增强抗逆能力

稀土元素能够提高植物对不良环境的适应能力，如干旱、盐碱等逆境条件。这种抗逆能力的提高有助于植物在逆境中保持正常的根系生长和功能。

（2）减少逆境伤害

在逆境条件下，稀土元素可以减轻根系受到的伤害程度，保护根系免受过度损伤。这有助于植物在逆境后更快地恢复生长。

（二）褪黑素

褪黑素是一种重要的植物内源生长调节因子，近年来，在调控根系生长方面的研究取得了显著进展。

1. 褪黑素对根系生长的影响

（1）抑制主根生长

褪黑素对植物主根的生长主要表现为抑制作用。这种抑制作用可能与褪黑素减少根分生组织的大小有关。通过外源施加高浓度的褪黑素，可以显著降低拟南芥等植物的主根长度。

（2）促进侧根和不定根发育

与主根不同，褪黑素对侧根及不定根的发育和生长具有浓度依赖性调节作用。适量的褪黑素可以促进侧根和不定根的形成和生长，从而增加根系的复杂性和吸收面积。

（3）改变根系构型

褪黑素通过影响根系的形态可塑性，改变根系构型，扩大与土壤的接触面积，以获取更多养分。这种改变有助于植物在逆境条件下更有效地利用土壤资源。

2. 褪黑素调控根系生长的机制

（1）调节光周期

褪黑素作为一种生物钟信号分子，能够调节植物的光周期反应。通过影响光合产物的运输和糖信号，褪黑素可以调控地下部碳分配和根系生长。例如，在光照充足时，褪黑素水平下降，促进根系生长；而在黑暗条件下，褪黑素水平上升，抑制根系生长。

（2）与生长素互作

褪黑素与生长素之间存在复杂的互作关系。一方面，褪黑素可以通过抑制生长素的合成和极性运输减少根分生组织，从而抑制主根生长。另一方面，褪黑素也能在某些情况下与生长素协同作用，促进侧根和不定根的发育。

（3）参与激素信号通路

褪黑素还能与其他植物激素（如赤霉素、细胞分裂素等）互作，参与激素对植物生长调控的信号通路。这些激素之间的相互作用共同调控着植物的生长发育和新陈代谢。

（三）亚精胺

亚精胺作为一种多胺，对植物根系的生长发育具有显著的调节作用。

1. 促进细胞分裂与伸长

亚精胺能够刺激根尖分生组织的细胞分裂和伸长，从而增加根系的生长速度和长度。

2. 增强根毛的形成

根毛是根系吸收水分和养分的重要部位。亚精胺能够促进根毛的形成，增加根毛的数量和密度，从而提高根系的吸收能力。这一作用有助于植物在贫瘠或干旱的环境中更好地生存和生长。

3. 改善土壤结构

亚精胺具有良好的胶体性质，能够改善土壤的结构，增加土壤的通气性和保水性。良好的土壤结构有利于根系的健康生长，减少根系病害的发生。

4. 提高抗逆性

亚精胺能够增强植物的抗逆性，包括抗旱、抗寒和抗盐碱等。这对于根系在恶劣环境下的生存和发展尤为重要。通过提高根系的抗逆性，亚精胺有助于植物在更广泛的生态条件下生长。

5. 促进矿物质吸收

亚精胺能够与土壤中的矿物质形成可溶性络合物，提高矿物质的生物有效性，从而促进根系对这些必需元素的吸收。

6. 调节土壤微生物活性

亚精胺还能影响土壤微生物的活性，促进有益微生物的生长，抑制病原微生物的活动。健康的土壤微生物群落有助于改善根系的生长环境，减少病害的发生。

7. 增强抗氧化能力

亚精胺具有一定的抗氧化性能，能够减少自由基对植物细胞的伤害，保护根系细胞的健康。

8. 促进有机物质的分解

亚精胺能够促进土壤中有机物质的分解，释放更多的养分供植物吸收。这有助于提高土壤肥力，为根系提供充足的营养支持。

第四节 环境因子调节

一、土壤物理性质调节

（一）土壤质地改良

1. 砂质土壤

砂质土壤颗粒较大，通气性和透水性良好，但保水保肥能力差。可通过添加有机物质改善，如混入腐叶土、泥炭土或腐熟的农家肥等。这些有机物质能够增加土壤的团聚性，提高土壤的保水保肥能力，使根系在吸收水分和养分时有更稳定的供应。例如，在砂质土壤中种植花卉时，添加适量的泥炭土，可让花卉根系更好地生长，花朵也会更加鲜艳。

2.黏质土壤

黏质土壤颗粒细小，保水保肥能力强，但通气性和透水性差。改良方法包括掺沙和深耕。掺沙可以增加土壤颗粒间的空隙，提高通气性和透水性，改善根系生长的土壤物理环境。深耕则有助于打破黏质土壤的犁底层，增加土壤的疏松度，让根系能够更深入地生长。例如，在种植蔬菜的黏质土壤农田里，每隔几年进行1次深耕并掺入适量的沙子，可明显改善蔬菜根系的生长状况，提高蔬菜产量。

（二）土壤结构优化

可通过合理的耕作方式，如免耕、少耕结合覆盖作物实现。覆盖作物在生长过程中会向土壤中分泌有机物质，这些物质有助于土壤颗粒的团聚。此外，增施有机肥和生物肥料也能改善土壤结构。例如，蚯蚓在土壤中活动时会吞食土壤和有机物质，经过其消化后排出的粪便能够促进土壤团粒结构的形成，所以增加土壤中的蚯蚓数量（通过减少化学农药使用等环保方式）对优化土壤结构有益。

（三）土壤水分调节

1.合理灌溉

根据不同植物的需水特性和土壤水分状况进行灌溉。例如，对于耐旱植物，应避免过度灌溉，可采用少量多次的灌溉方式，让土壤保持适度的干旱，以促进根系下扎寻找更深层的水源。而对于喜湿植物，则要保证土壤有足够的水分，但也要注意避免积水。滴灌和喷灌是比较先进的灌溉方式，它们能够精确控制灌溉量，减少水分的浪费，同时保持土壤良好的通气性，有利于根系生长。

2.排水系统建设

在容易积水的地区或土壤排水性差的地块，建设良好的排水系统至关重要。排水系统可以排除多余的雨水或灌溉水，防止土壤积水导致根系缺氧腐烂。例如，在稻田周围设置排水沟，在果园中修建排水渠或者采用高畦栽培方式，都能有效改善土壤的排水状况，优化根系生长环境。

（四）土壤温度调节

1.覆盖物使用

在土壤表面铺设塑料薄膜或有机物料如锯末、稻壳等，可以提高土壤温度，减少水分蒸发，适用于春季提早播种或低温季节促进作物生长。作物收获后，将秸秆等残茬留在田地里，可以起到保温作用，减少土壤温度的波动，同时还能改善土壤结构。

2. 灌溉管理

适时灌溉可以通过水分的蒸发冷却效应降低土壤温度，尤其在高温季节对作物生长有利。在多雨或地下水位高的地区，通过排水降低土壤湿度，间接影响土壤温度，防止土壤过湿和温度过低。

3. 耕作措施

深翻土壤可以改善土壤的通气性和水分保持能力，增加土壤温度的稳定性。浅耕有利于土壤表层温度的升高，适合于春季播种或促进种子发芽。

4. 种植结构调整

轮作不同类型的作物，可以改变土壤表面的覆盖情况，影响土壤温度。不同作物间作套种可以形成自然的遮阴，降低土壤温度，减少水分蒸发。

5. 植被管理

种植绿肥作物可以提高土壤有机质含量，改善土壤结构，增加土壤的热容量，从而调节土壤温度。在农田周围种植树木，可以为农田提供遮阴，降低夏季土壤温度。

6. 土壤改良剂

使用土壤改良剂如石灰、石膏等，可以改变土壤的物理性质，影响土壤的热容量和导热率，从而调节土壤温度。

二、土壤化学性质调节

（一）土壤酸碱度调节

不同植物对土壤酸碱度有不同的适应范围。如果土壤过酸，可以施用石灰（如碳酸钙、氢氧化钙等）提高土壤pH值。例如，在酸性土壤中种植蓝莓时，需要调节土壤酸碱度，因为蓝莓适宜在酸性土壤中生长，而如果土壤碱性过强，可以使用硫磺粉降低土壤pH值，同时避免使用碱性肥料。对于大多数作物，保持土壤pH值6~7.5较为适宜。

（二）土壤养分管理

1. 大量元素

氮、磷、钾是植物生长所需的大量元素。合理施肥确保土壤中有充足的氮素供应，可促进根系细胞的分裂和生长。例如，施用铵态氮肥或硝态氮肥时要根据作物需求和土壤肥力状况确定施用量。磷素对根系早期的发育和能量代谢非常重要，可施用磷肥如过磷酸钙、磷酸二铵等。钾素能提高根系的抗逆性，可施用硫酸钾、氯化钾等钾肥。

2. 中微量元素

土壤中还应含有适量的中微量元素，如钙、镁、锌、硼等。钙对根系细胞壁的稳定有重要作用，缺乏钙时根系易变软、易受病害侵袭。镁是叶绿素的组成成分，影响光合作用，间接影响根系的生长。锌能促进根系的伸长和侧根的形成，硼对根系的生长点和细胞分裂有积极影响。可通过施用含有中微量元素的复合肥或专门的中微量元素肥料补充土壤中的不足。

三、土壤微生物环境调节

（一）有益微生物的引入

许多有益微生物与根系存在共生关系。例如，菌根真菌可以与植物根系形成菌根，扩大根系的吸收范围，帮助植物吸收磷、锌等难以吸收的养分。可通过接种菌根真菌制剂引入有益微生物。根瘤菌与豆科植物根系共生，能够固定空气中的氮气，在种植豆科作物时，可选用合适的根瘤菌剂拌种，促进根瘤的形成，提高土壤肥力。

（二）控制土壤病原菌和害虫

土壤中的病原菌和害虫会损害根系。可采用物理方法，如土壤高温消毒（太阳能消毒或蒸汽消毒）杀灭病原菌和害虫。生物防治也是一种有效的方法，例如，利用捕食性线虫控制土壤中的害虫幼虫，或者使用拮抗微生物抑制病原菌的生长；例如，木霉菌对多种土壤病原菌有拮抗作用，可将木霉菌制剂施用于土壤中，保护根系免受病原菌侵害。

第四章

根系结构与分布

第一节　根系的基本结构

一、直根系结构

直根系由主根和各级侧根组成。主根粗壮且垂直向下生长，具有很强的向地性。主根的生长主要依靠根尖的分生区细胞不断分裂和伸长区细胞的伸长。侧根从主根上特定的部位产生，这些部位通常是主根的中柱鞘细胞。侧根的形成过程涉及中柱鞘细胞的脱分化、分裂和再分化，最终形成侧根原基并突破主根的皮层和表皮向外生长。侧根在主根上的分布有一定的规律，通常呈螺旋状排列，这种排列方式有助于侧根在土壤中均匀分布，从而最大程度地扩大根系的吸收范围。

二、须根系结构

须根系主要由大量的不定根组成，没有明显的主根。不定根可以从植物的茎基部、胚轴、叶等部位产生。这些不定根在生长过程中粗细相近，形成一个相对密集的根系网络。须根系的特点是根系分布较为广泛，能够快速地覆盖土壤表层，从而有效地吸收土壤表层的水分和养分。例如，在禾本科植物中，种子萌发时胚根发育形成的主根很快停止生长，随后从胚轴和茎基部产生大量的不定根形成须根系。

第二节　根系的分布

一、分布类别

不同植物根系在土壤中的分布具有一定规律。植物根系在土壤中的分布分为深根系和浅根系两类。

有些植物的主根发达，向下垂直生长，长入土壤的深层（2～5米），甚至10米以上，这种向深处分布的根，称深根系，如大豆、蓖麻、马尾松等。

而另一些植物的主根不发达，侧根或不定根较主根发达，以水平方向朝四周扩展，并占有较大的面积，因此，这种根系常分布在土壤的浅层（1～2米），称浅根系，如车前、小麦、水稻等。

一般直根系多为深根系，须根系多为浅根系，但不是所有的直根系都属于深根系。大多数陆生植物的根在地下分布深而广，形成庞大的根系，比地上的枝叶系统还发达。根系的分布范围一般都大于地上部分树幅的范围，例如梨的水平根大于树冠的3～4倍。冬小麦根量主要集中在上层，根长密度、根质量密度在0～50厘米土层内分别占57.7%和66.7%，而在50～100厘米土层分别占23.4%和18.7%，根长密度和根质量密度随土壤深度的变化均符合指数函数形式。草莓根系在土壤中分布很浅，一般分布在距地表20厘米深的表土层内。

不同草本植物的根长密度随土壤深度的增加而减小，分布规律可用指数函数描述；香根草和紫花苜蓿的根系主要分布在0～20厘米土层，百喜草和狗牙根的根系则集中在0～10厘米土层。根系的水平分布特点是沿土壤表层生长，多数与土壤表层平行。虽然整个水平根系分布范围是树冠直径的1.5～3倍，但60%的水平根集中在树冠垂直投影区域内。

果树根系在地下部分呈现随着距离的增加而逐渐减少的趋势，并且栽培区地势条件和土壤环境条件会对根系分布形态产生影响。例如，平地根系生物量大于坡地，并且扎根较深；阳面根系分布少于阴面。在一定范围内，果树根系会朝着水分和养分充足的区域生长。

二、常见的深根系植物

常见的深根系植物有银杏、白皮松、油松、黑松、杨梅、核桃、枫杨、薄壳山核桃、板栗、麻栎、白榆、榔榆、榉树、朴树、桑、香樟、枫香、杏、台湾相思、紫藤、国槐、臭椿、香椿、黄连木、七叶树、栾、无患子、枣、葡萄、木棉、梧桐、油茶、茶、木荷、柽柳、柿等。这些植物的根系能够深入土壤中，以获取更多的水分和养分，具有较强的抗风、抗旱和抗倒伏能力。例如，核桃树为深根系树种，成年树主根可以达到6米，侧根水平延伸半径可超过14米，根系主要集中在20～60厘米土层中，约占总根量的80%。深根系植物在生态系统中起着重要的作用，它们能够稳定土壤，防止水土流失，同时也为其他生物提供了栖息和生存的环境。

三、常见的浅根系植物

常见的浅根系植物有黑松、罗汉松、瓜子黄杨、大叶黄杨、雀舌黄杨、锦熟黄杨、珊瑚树、棕榈、蚊母、丝兰、栀子花、巴茅、龙爪槐、紫荆、紫薇、海棠、蜡梅、寿星桃、白玉兰、紫玉兰、天竺、杜鹃、牡丹、茶花、含笑、月季、柑橘、金橘、茉莉、美人蕉、大丽花、苏铁、百合、百枝莲、鸡冠花、枯叶菊、桃叶珊瑚、海桐、构骨、葡萄、紫藤、常春藤、爬山虎、六月雪、桂花、菊花、麦冬、葱兰、黄馨、迎春、荷花、桃、李、杏、樱桃、矮化砧木苹果等。此外，柳树、枫树、杨树、泡桐、白蜡等也是浅根系植物。浅根系植物易受风的影响，抗风能力弱，如椴木山杨易折、云杉易倒塌、紫檀和黄槐根系较浅易倒伏。在进行绿化时，一般会选择植株矮、根系浅的植物，例如，屋顶花园适宜栽种浅根系植物，以避免乔木根系深、树冠大对防水层造成破坏。

四、根系分布范围与树冠关系

（一）果树的根系

分为垂直根和水平根两大类。水平根的分布范围比树冠的冠幅大得多，如梨树为冠径的5～7倍、桃树为1～1.5倍、柑橘树为2～3倍。须根分布的深度一般为20～70厘米。果树庞大的根系除把植株固定在土壤外，还有吸收养料和水分的重要功能。只有根端的白色新根才能吸收水分和养分，这些吸收根的寿命很短，一般只有7～10天。

（二）其他植物的根系

不同种类的根系分布范围与树冠关系也有所不同。例如，冬小麦根系主要分布在0～50厘米的土层内，浅耕粗作下主要根系分布在0～15厘米或20厘米的土层内，而深耕细作的冬小麦根系可分布在0～50厘米的土层内。草莓根系在土壤中分布很浅，一般分布在距地表20厘米深的表土层内，其根系分布深度与品种、栽植密度、土壤质地、耕作层深浅、温度和湿度等有关。

第三节　影响根系分布的因素

一、植物自身特性

（一）遗传因素

不同植物种类由于遗传背景的差异，其根系形态和分布特征有很大不同。例如，直根系植物，如胡萝卜，主根发达，入土较深，侧根相对较少且细，主要分布在主根周围；须根系植物，如小麦，没有明显的主根，根系由许多粗细相近的不定根组成，这些不定根在土壤中分布较浅且范围较广。

（二）生长发育阶段

植物在不同的生长发育阶段，根系分布也有所变化。一般来说，植物幼苗期根系相对较浅且分布范围小，随着植株逐渐长大，根系不断生长、扩展和分支，分布范围逐渐扩大，入土深度也增加。例如，一年生的草本花卉，在生长初期，根系集中在土壤表层5~10厘米，到了开花期，根系可深入到20~30厘米甚至更深的土层。

二、土壤条件

（一）土壤类型

不同质地的土壤，如砂土、壤土和黏土，对根系分布影响显著。砂土颗粒粗，通气性和透水性好，但保水性和保肥性差，根系在砂土中生长时，为了吸收足够的水分和养分，通常会生长得更深、更广泛。例如，在沙漠地区生长的梭梭，其根系可深达十几米，以获取地下深处的水源。壤土质地适中，通气、透水、保水、保肥性能良好，根系在壤土中能均衡生长，分布较为均匀。黏土颗粒细，通气性和透水性差，但保水性和保肥性强，根系在黏土中生长易受通气不良的限制，往往分布较浅且根系较细。

（二）土壤肥力

肥沃的土壤含有丰富的养分，能为根系生长提供充足的营养，促使根系发达、分布广泛。相反，贫瘠的土壤养分匮乏，根系生长会受到抑制，分布范围相对较小。例如，在长期施肥充足的农田中种植的作物，根系生长茂盛、分支多、分布广；而在未施肥的贫瘠土地上，作物根系则相对瘦弱、分布范围也较窄。

（三）土壤水分

水分是影响根系分布的重要因素之一。在水分充足的环境中，根系分布相对较浅，主要集中在土壤表层，以吸收更多的水分。而在干旱地区，植物根系为了寻找水源，会向土壤深处生长，形成深根系。例如，骆驼刺生长在干旱的沙漠地区，根系可深入地下十几米，以获取地下水。

（四）土壤通气性

根系的呼吸作用需要氧气，良好的土壤通气性有利于根系的正常生长和发育。如果土壤通气不畅，氧气含量不足，根系会生长不良，甚至会导致根系死亡。因此，在通气性好的土壤中，根系分布较深且广；而在通气性差的土壤中，根系往往分布较浅，并且多集中在土壤表层通气较好的地方。例如，在长期积水的低洼地，植物根系通常较浅，并且根系会因缺氧而变黑、腐烂。

（五）土壤化学性质

1. 酸碱度（pH值）

不同的植物对土壤酸碱度有不同的适应范围。土壤酸碱度会影响土壤中养分的有效性和根系的生理功能，从而影响根系的分布。例如，在酸性土壤中，铁、铝等元素的溶解度增加，可能对某些植物的根系产生毒害作用，导致根系生长受到抑制，根系分布范围缩小。而一些喜酸性土壤的植物，如蓝莓，在适宜的酸性条件下，根系能够正常生长和发育，分布较为广泛。相反，在碱性土壤中，一些养分如磷、铁、锌等的有效性降低，可能限制根系对这些养分的吸收，影响根系的生长和分布。

2. 盐分含量

土壤中的盐分含量过高会对植物根系产生渗透压胁迫，使根系难以从土壤中吸收水分，导致根系生长受阻，甚至造成根系细胞失水死亡。因此，在盐渍土地区，植物根系通常会通过减少表面积、增加皮层厚度等方式适应高盐环境，根系分布也相对较浅且稀疏。例如，盐生植物碱蓬，其根系在高盐土壤中会尽量避开盐分过高的区域，向盐分相对较低的地方生长，以维持自身的生存和生长。

三、环境因素

（一）光照

光照强度和时长影响植物的光合作用，进而影响根系的生长和分布。充足的光照能促进植物的光合作用，为根系生长提供更多的光合产物，有利于根系的发育和分布。例如，在光照充足的阳坡上生长的树木，其根系通常比在阴坡上生长的树木根系更发达，分布范围更广。

（二）温度

温度影响植物根系的生长速度和生理活动。一般来说，适宜的温度有利于根系的生长和发育，根系分布范围也较广。在低温环境下，根系生长缓慢，甚至会停止生长；在高温环境下，根系易衰老，吸收能力下降。例如，在寒冷的北方地区，冬季土壤温度过低，许多植物的根系生长基本停止，根系分布范围也不再扩大。

（三）气候因素

1. 风

风对植物根系分布有一定的塑造作用。在多风的环境中，植物根系会倾向于在土壤中分布得更深更广，以增强植株的稳定性，更好地抵御风的吹拂和可能造成的倒伏。例如，在沿海地区经常遭受强风侵袭的树木，如松树，其根系会向四周伸展得很开，并且扎根较深，从而能够牢牢抓住土壤，减少被风吹倒的风险。长期受单向强风影响的植物，其根系可能会在风的方向上生长得更为密集，以此平衡风力的作用。

2. 降水

降水的多少和分布影响土壤的水分含量和分布，进而影响根系分布。在降水丰富且均匀的地区，植物根系分布相对较浅，多集中在土壤表层，以充分吸收水分。而在降水稀少或季节性降水明显的地区，植物根系会向深处生长，以获取更深层土壤中的水分。例如，在热带雨林地区，全年降水充沛，树木的根系通常较浅且分布广泛，形成庞大的浅层根系网络；而在草原地区，降水集中在雨季，旱季时土壤上层水分迅速减少，植物根系就会向下生长，一些草本植物的根系能深入地下数米，以在旱季时利用深层土壤中的水分维持生存。

（四）海拔高度与地形地貌

随着海拔升高，气候条件如气温、气压、光照等发生变化，植物根系分布也会随之改变。通常海拔越高，气温越低，植物根系会相对更浅更细，以适应低温和贫瘠的土壤条件。地形地貌对根系分布也有影响，在山地、丘陵地区，由于水土流失和土壤侵蚀的作用，土壤层较薄，植物根系分布相对较浅，并且会沿着山坡的方向生长，以更好地固定植株和吸收水分、养分。在平原地区，土壤条件相对较为一致，根系分布较为均匀。

四、生物因素

（一）微生物

土壤中的微生物与植物根系存在着复杂的相互关系。一些有益微生物如根瘤菌、菌根菌等，能与植物根系共生，帮助植物吸收养分，促进根系生长，使根系分布更广泛。例如，豆科植物与根瘤菌共生，根瘤菌能固氮，为植物提供氮素营养，使豆科植物的根系更加发达。而一些有害微生物则会侵染根系，导致根系病害，抑制根系生长，使根系分布范围缩小。

（二）其他植物

植物之间存在着竞争和共生关系，也会影响根系分布。在竞争关系中，不同植物的根系会相互竞争土壤中的水分、养分和空间，导致根系分布发生变化。例如，在森林中，高大的乔木根系发达，会占据较深的土层和较大的空间，而林下的草本植物根系则相对较浅，分布在乔木根系未充分占据的土壤表层。在共生关系中，如植物与某些藤本植物或附生植物之间，它们的根系可能相互交织、相互依存，共同利用资源，形成独特的根系分布格局。

第五章

根系功能与作用

第一节　概述

一、根系是植物生命的关键支撑

根系作为植物生命的关键支撑，其重要性不言而喻。它就如同植物的"嘴巴"，负责吸收水分和养分，为植物的生长提供必要的物质基础。同时，根系还像植物的"双脚"，牢牢地将植株固定在土壤中，防止倒伏。例如，在自然界中，许多高大的树木之所以能够屹立不倒，正是因为其拥有强大而发达的根系。

二、根系是植物苗壮成长的基础

科学合理地养根、护根对于提高作物产量和品质至关重要。一方面，通过控制浇水量，遵循"干长根、湿长苗"的原则，适度控制浇水可促进生根。另一方面，合理施肥也能为根系生长提供良好的条件。增加磷肥能促进早期根系的形成和生长，提高植物适应外界环境的能力，像一些浅根系作物，如食根药材、大蒜、洋葱等，在种植前施足磷肥，可促进生根并帮助吸收更多土壤中的养分。适时补钾也可促进根系发育，钾具有保证各种代谢过程顺利进行、增强抗病虫害和抗倒伏能力等功能。此外，还可以使用养根促根肥，例如一画养根促根肥，可起到快速促进生根、使根系发达健壮的功效。

三、根系是植物健康生长的保障

根系生长不良，植物可能会面临诸多风险。首先，病虫害的发生概率会大大增加。不健康的根系周围根际微生物区系会受到破坏，有害细菌增多，容易导致根部病害。其次，植株容易倒伏。没有强大根系的固定和支撑，在遇到风、雨等外力作用时，植物很可能会倒伏，影响正常生长。例如，一些根系不发达的作物在大风天气中常常出现倒伏现象，不仅影响产量，还增加了收获的难度。因此，必须充分认识根系养护的重要性，采取科学有效的措施，确保植物健康生长。

第二节　根系的主要功能

一、吸收功能

根系是植物吸收土壤中水分、无机盐、二氧化碳等物质的主要器官。植物通过根系中的根毛与土壤紧密接触，极大地增加了吸收面积。据研究，根毛的存在能使根系与土壤的接触面积增加数倍甚至数十倍。植物的根系就像一台精密的抽水机，不断地从土壤中吸收水分，以满足植物生长的需要。同时，根系还能吸收土壤中的各种无机盐，如氮、磷、钾等，这些无机盐是植物生长发育所必需的营养元素。此外，根系还能吸收土壤中的二氧化碳，参与植物的光合作用。

二、固定功能

根系深入土壤，对提高植物稳定性、防止倒伏起着重要作用。自然界中，根系首先将植物稳定地固着在土壤中，并支撑地上部分降低外界影响。能够深入土壤内部，使植株很好地固定在土壤中，防止倒伏。例如，高大的乔木能经受风雨的袭击，主要是因为它具有深入土壤的强大而有力的根系。一些根系不发达的植物，在遇到风、雨等外力作用时，很容易倒伏，影响正常生长。

三、输导功能

根系中的维管组织在传输无机养分和水分方面起着关键作用。根部吸收的营养会由下往上进行传输，同时也会接收地上部分输送下来的有机物质。这部分作用是继前一部分作用的延续，整体根系参与其中，将根毛等吸收的养分通过维管组织输送到枝、叶、果，同时叶片的光合产物也通过维管组织输送到根系各部位，用以维持根系生长。

四、合成功能

根能合成多种氨基酸、生物碱等供作物生长。根合成的这些物质为地上部分生长提供了重要的材料。例如，根能合成多种氨基酸，运至地上部分，作为形成新细胞的材料。根还能合成烟碱、细胞分裂素等物质影响地上部分的生长发育。

五、分泌功能

根系的分泌功能是指植物根部向周围环境释放多种化合物的能力，这些化合物对于植物的生长、发育以及与土壤微生物的相互作用至关重要。

（一）有机酸的分泌

在养分缺乏或土壤酸碱度不适宜的条件下，植物根系会主动分泌有机酸，如柠檬酸、苹果酸等。这些有机酸能够通过溶解土壤中的矿物质增加养分的有效性，尤其是磷、铁等微量元素。此外，有机酸还能降低土壤pH值，改善土壤结构，促进其他有益微生物的活动。

（二）根际信号分子的释放

根系分泌的信号分子，如氨基酸、糖类和酚类化合物，可以作为化学信使，影响根际环境中的微生物群落组成。这些分泌物能够吸引或抑制特定微生物的生长，从而调节根际生态平衡，增强植物对病害的抵抗力。

（三）黏液物质的分泌

根系分泌的黏液物质有助于形成根际生物膜，这是一种复杂的多糖基质，能够保护根毛不受物理伤害，并为微生物提供栖息地。黏液层还有助于保持水分和养分，减少蒸发损失，同时促进有益微生物与植物根系之间的营养交换。

（四）酶类的分泌

植物根系能够分泌一系列酶类，包括磷酸酶、蛋白酶和过氧化物酶等，这些酶在土壤中发挥着重要的催化作用。例如，磷酸酶能够分解有机磷化合物，释放出无机磷供植物吸收；过氧化物酶则参与土壤有机物的氧化分解过程，改善土壤肥力。

（五）化感物质的分泌

某些植物的根系会分泌化感物质，这些化学物质能够影响邻近植物的生长和发育，甚至改变整个生态系统的结构。化感物质的作用可以是积极的，如促进共生菌根真菌的生长；也可以是消极的，如抑制杂草的生长或排斥其他植物的竞争。

（六）金属离子的螯合与释放

根系分泌的某些物质具有螯合作用，能够与土壤中的金属离子结合，形成可溶性复合物，从而增加金属元素的生物有效性。这一过程对于铁、锌等微量元素的吸收尤为重要，因为这些元素在土壤中往往以不可溶的形式存在。

（七）防御性化合物的分泌

当植物受到病原体攻击时，根系会分泌一些防御性化合物，如植保素和挥发性有机化合物（VOCs），以抵御病原菌的侵袭。这些化合物不仅能够直接杀死或抑制病原体，还能吸引有益昆虫和微生物帮助控制病害。

六、繁殖功能

很多植物根系可产生不定芽用于繁殖。例如，白杨、刺槐等植物的根较易发芽，以形成不定芽，进而形成新枝；萝卜、甘薯等植物的根具有储藏功能，同时也可以用于繁殖。在繁殖过程中，根系为新植株的生长提供了养分和支持。

第三节　根系对生态系统的影响

一、促进生物地球化学循环

根系在生物地球化学循环中起着至关重要的作用。许多植物的根系与根瘤菌等微生物共生，能够固定空气中的氮素，增加土壤中的氮含量。例如，豆科作物的根系与根瘤菌形成共生关系，根瘤菌可以将空气中的氮气转化为作物可利用的氨态氮，从而提高土壤肥力。此外，根系还能促进土壤中有机物质的分解和转化。根系分泌的有机酸等物质可以溶解土壤中的矿物质，释放出养分，如磷、钾等，供植物吸收利用。同时，根系周围的微生物也参与了有机物质的分解过程，将复杂的有机物质转化为简单的无机物质，促进了土壤中养分的循环。据研究，根系周围的微生物数量比土壤中其他区域高出数倍甚至数十倍，这些微生物在生物地球化学循环中发挥着重要作用。

二、维护生态系统稳定

根系在维护生态系统稳定方面具有重要作用。首先，根系有助于土壤保持。根系深入土壤，能够固定土壤颗粒，防止水土流失。强大的根系网络可以增加土壤的稳定性，减少土壤侵蚀的风险。例如，在山区等易发生水土流失的地区，种植树木等具有发达根系的植物可以有效地保护土壤。其次，根系对水循环调节起着关键作用。根系能够吸收水分，减少地表径流，增加土壤的蓄水能力。在干旱季节，根系可以释放水分，维持土壤的湿度，为植物生长提供必要的水分条件。同时，根系还能影响地下水位，调节水资源的分布。再者，根系在碳储存方面也发挥着重要作用。植物通过光合作用吸收二氧化碳，并将其转化为有机物质储存在体内。一部分有机物质会通过根系分泌或死亡根系的分解进入土壤，形成土壤有机碳。根系还能促进土壤团聚体的形成，增加土壤的碳储存能力。最后，根系有助于维护生物多样性。根系为许多土壤生物提供了栖息地和食物来源，促进了土壤生物的多样性。例如，蚯蚓、蚂蚁等土壤动物在根系周围活动，它们的活动有助于改善土壤结构，促进养分循环。同时，根系周围的微生物多样性也为生态系统的稳定提供了保障。

第六章

根系与水分、养分吸收

第一节　水分吸收

一、特点

（一）吸收部位集中

主要在根尖进行，其中根毛区的吸水能力最强。根毛区有大量根毛，极大地增加了吸收面积，并且根毛细胞壁外部由果胶质组成，黏性、亲水性强，有利于与土壤颗粒黏着和吸水，同时其输导组织发达，对水分移动的阻力小。

（二）途径多样

1. 质外体途径

水分通过细胞壁、细胞间隙等没有细胞质的部分移动，阻力小，速度快。但内皮层细胞壁上的凯氏带会阻止水分和溶质的自由扩散，使质外体途径在此处形成一个选择性的屏障。

2. 跨膜途径

水分从一个细胞移动到另一个细胞时，要两次通过质膜，还要通过液泡膜。此途径受细胞膜的选择透性和细胞代谢的影响，运输速度相对较慢。

3. 共质体途径

水分从一个细胞的细胞质经过胞间连丝，移动到另一个细胞的细胞质，形成一个细胞质的连续体。由于胞间连丝的孔径较小，对溶质的运输有一定选择性，所以移动速度也较慢。

（三）动力来源不同

可分为主动吸水和被动吸水两种方式。

1. 主动吸水

由植物根系生理活动引起，动力是根压。通常在春季叶片未展开、树木落叶以后以及蒸腾速率很低的夜晚，主动吸水成为主要的吸水方式。

2. 被动吸水

以蒸腾拉力为动力，是正在蒸腾着的植株，尤其是高大树木的主要吸水方式。当叶片蒸腾时，气孔下腔附近的叶肉细胞因蒸腾失水而水势下降，引发一系列相邻细胞间的水分运输，最终导致根部细胞从周围土壤中吸水。

二、机理

（一）主动吸水机理

1. 离子吸收与转运

根系通过主动吸收土壤中的溶质（如无机盐离子等），并将其转运到中柱和导管中。这使中柱细胞和导管中的溶质浓度增加，溶质势下降，从而导致导管水势低于土壤水势。

2. 渗透作用

由于导管水势低于土壤水势，土壤中的水分便顺着水势梯度，从外部渗透进入中柱和导管。内皮层起着选择透性膜的作用，随着水分进入，水柱上升，建立起正的静水压，即根压，促使水分从根部上升。

（二）被动吸水机理

植物进行蒸腾作用时，水分从叶片的气孔和表皮细胞表面蒸腾到大气中，使叶肉细胞失水，水势下降。这些叶肉细胞便从邻近水势较高的细胞吸水，形成一个由低到高的水势梯度，依次传递到叶脉导管、茎的导管，最终使根部细胞水势降低，从而从周围土壤中吸水。

三、影响根系吸收水分的主要环境因素

（一）土壤因素

1. 土壤水分含量

土壤中可被植物根系利用的水分主要是毛管水。当土壤含水量充足时，根系容易

吸收到水分；而当土壤干旱，毛管水含量减少，根系吸水困难。例如，在沙漠地区，土壤水分稀缺，植物根系为了吸收水分，往往会发展出深而广的根系，以寻找更深层或更远处的水源。

2. 土壤通气状况

良好的土壤通气性对根系吸水至关重要。土壤缺氧会使根系呼吸减弱，影响根压，继而阻碍主动吸水；长期缺氧还会导致根系无氧呼吸，产生酒精等有害物质，使根系中毒受伤，吸水能力进一步下降。例如，水稻之所以能在淹水的水田中生长，是因为其根部具有特殊的通气组织，可以将空气从地上部分输送到根部，保证根系的呼吸和吸水。

3. 土壤温度

适宜的土壤温度有利于根系吸水。低温会使水分黏性增大，扩散速率降低，细胞质黏性也增大，水分不易通过细胞质，同时呼吸作用减弱，影响根压，根系生长缓慢，吸水表面积难以增加。高温会加速根的老化过程，使根的木质化部位接近尖端，吸收面积减少，还会使酶钝化，影响根系主动吸水。

4. 土壤溶液浓度

根系要从土壤中吸水，根部细胞的水势必须低于土壤溶液的水势。当土壤溶液浓度过高，如在盐碱地或施肥过量时，土壤溶液的水势降低，根系吸水困难，甚至会出现"烧苗"现象。

5. 土壤质地和结构

土壤质地影响土壤的保水性和透水性。例如，黏土保水性强但透水性差，根系在其中吸水可能因缺氧而受限；砂土透水性好但保水性差，水分容易流失，根系难以持续稳定吸水。团粒结构良好的土壤，大小孔隙搭配合理，既能保持适量的水分，又有良好的通气性，有利于根系吸水。

（二）大气因素

大气状况主要通过影响蒸腾作用间接影响根系吸水。

1. 湿度

大气湿度低时，植物蒸腾作用强，产生较大的蒸腾拉力，从而促进根系被动吸水；相反，大气湿度高时，蒸腾作用减弱，根系吸水动力不足，吸水速率下降。

2. 温度

气温较高时，植物的蒸腾作用增强，会加速水分的散失，进而增强根系的吸水动力。但如果温度过高，超过植物的耐受范围，会使植物气孔关闭，蒸腾作用减弱，同时也会影响根系的生理活性，导致吸水减少。低温时，植物生长缓慢，蒸腾作用减弱，根系吸水也相应减少。

3. 光照

光照强度影响植物的光合作用和蒸腾作用。充足的光照可促进光合作用,为植物提供能量和物质,同时也会使蒸腾作用增强,增加根系吸水的动力。在光照不足的情况下,植物光合作用减弱,生长不良,蒸腾作用也会随之减弱,根系吸水减少。

4. 风速

风速较大时,会加速植物周围空气的流动,使叶片表面的水汽扩散加快,从而增强蒸腾作用,加大蒸腾拉力,促进根系吸水。但强风也可能会对植物造成机械损伤,影响植物的正常生理功能,间接影响根系吸水。

第二节　无机养分吸收

根系吸收无机养分具有以下特点。

一、吸收部位特定

(一)根尖未栓化部分为主

植物吸收无机养分的主要部位是根尖未栓化的区域,其中根毛区是吸收矿质离子最快的部位。这是因为根毛区的表皮细胞向外突出形成大量根毛,极大地增加了吸收面积,能够与土壤颗粒和土壤溶液充分接触,有利于无机养分的吸收。

(二)不同区域功能有别

根尖的不同区域在无机养分吸收中发挥着不同的作用。如根冠主要起到保护根尖的作用,分生区细胞不断分裂增生,使根不断伸长,这些区域虽不是吸收的主要部位,但为吸收区域的持续更新和维持提供了基础;伸长区细胞逐渐伸长,其对无机养分也有一定的吸收能力,同时为根毛区的形成和功能发挥做准备。

二、吸收方式多样

(一)被动吸收

1. 扩散作用

溶液中的离子和分子顺着浓度梯度从高浓度区向低浓度区扩散进入根系。像CO_2、

O_2、H_2O、NH_3以及多数阴离子[如硝酸根离子（NO_3^-）、氯离子（Cl^-）等]，可通过这种方式被吸收，这是吸收无机离子的主要途径之一。例如，当土壤中硝酸根离子浓度高于根系细胞内时，硝酸根离子可通过扩散进入根系。

2. 质流作用

又称集流或液流，是由植物的蒸腾液流引起的，溶液中营养元素随着水溶液进入根细胞。植物蒸腾作用产生的拉力促使水分向上运输，溶解在水中的无机养分也随之被带到根系表面并进入根系，如钙、镁等元素常通过质流方式被吸收。

3. 截获作用

根系与营养离子直接接触并进行吸收。不过截获吸收量与根系生长量密切相关，在土壤系统中，作物根系占耕作层土壤总体积的2%～3%，所以截获吸收总量有限，但在无土栽培中，截获吸收总量会有所提高。

4. 离子交换吸附

根细胞呼吸产生的氢离子（H^+）和碳酸氢根离子（HCO_3^-），吸附在根系表皮细胞的原生质膜表面上，与土壤溶液中的离子或黏土颗粒表面吸附的离子进行交换，从而使离子被根系吸收，它被认为是扩散、质流、截获吸收的一种特殊形式。例如，根细胞呼吸产生的氢离子（H^+）可与土壤中的钾离子进行交换，使钾离子被根系吸收。

（二）主动吸收

植物体内离子态的浓度通常比土壤溶液中或土壤胶体表面所吸附的离子浓度高，但根系仍能逆浓度梯度吸收，这一过程需要消耗生物代谢能量。主动吸收主要依赖于细胞膜上的载体蛋白和离子泵，载体蛋白能特异性地识别和结合无机离子，然后通过消耗能量将其转运进入细胞；离子泵如质子泵（H^+-ATP酶），可通过水解ATP释放能量，将质子泵出细胞，形成跨膜的质子电化学梯度，驱动其他无机离子逆浓度梯度进入细胞，植物对氮、磷、钾等大量元素的吸收常通过主动吸收方式。

事实上，绝大多数植物的根系都具有主动吸收养分的能力。

1. 粮食作物

（1）小麦

小麦根系在土壤中广泛分布，通过主动吸收机制获取氮、磷、钾等大量元素。例如，对于硝态氮（NO_3^-），小麦根系细胞可以逆浓度梯度吸收，即使土壤溶液中硝态氮的浓度低于根细胞内的浓度，小麦根系仍然能够借助质子-硝态氮共转运蛋白等载体，消耗能量（ATP）将硝态氮吸收进入根细胞。在磷的吸收方面，当土壤中磷含量较低时，小麦根系会主动分泌有机酸（如柠檬酸等）溶解土壤中难溶性的磷化合物，然后通过根细胞膜上的磷转运蛋白主动吸收磷元素。

（2）水稻

水稻生长在水田环境中，其根系也具备主动吸收养分的特性。在氮素吸收上，水稻既能吸收铵态氮（NH_4^+）也能吸收硝态氮。对于铵态氮的吸收，水稻根细胞膜上存在铵转运蛋白，能够主动摄取铵态氮进入细胞。同时，水稻根系还会主动吸收铁、锰等微量元素。例如，在铁缺乏的土壤中，水稻根系会分泌铁载体，与土壤中的铁离子特异性结合，然后通过特定的转运蛋白将铁-铁载体复合物主动吸收进入根细胞，以满足生长发育对铁元素的需求。

2. 蔬菜

（1）番茄

番茄根系主动吸收多种营养元素。在钙的吸收过程中，钙以钙离子（Ca^{2+}）的形式存在于土壤溶液中，番茄根系细胞膜上的钙通道蛋白和钙转运蛋白在ATP供能的情况下，主动调节钙离子的吸收，以维持细胞内的钙稳态。钙对番茄果实的发育和品质有重要影响，如防止果实脐腐病等生理病害。番茄根系对钾元素的吸收也是主动的，钾离子（K^+）通过钾转运蛋白逆浓度梯度进入根细胞，充足的钾供应有助于提高番茄的抗逆性和果实品质。

（2）菠菜

菠菜富含多种营养成分，其根系的主动吸收能力对植物的生长至关重要。菠菜对氮、磷、钾的吸收依赖主动运输机制。例如，在吸收磷元素时，根细胞膜上的磷转运蛋白会根据细胞内磷的需求状况，主动从土壤溶液中摄取磷。同时，菠菜根系对镁元素的吸收也是主动的，镁是叶绿素的组成成分，主动吸收镁有助于菠菜进行光合作用，保证叶片的正常生长和发育。

3. 果树

（1）苹果树

苹果树根系在营养吸收方面表现出主动吸收的特性。在硼元素的吸收上，硼以硼酸（H_3BO_3）的形式被苹果树根系吸收。当土壤中硼含量较低时，苹果树根系细胞能够主动转运硼酸进入细胞。硼对苹果树的花粉萌发、花粉管生长和果实发育等生殖过程具有重要意义。苹果树根系还主动吸收锌元素，锌是许多酶的组成成分，在锌缺乏时，根系会通过特定的锌转运蛋白主动摄取锌，以维持树体正常的生理功能，防止出现小叶病等。

（2）柑橘树

柑橘树的根系主动吸收多种营养物质。例如，在氮素吸收方面，柑橘树能够根据土壤中氮的形态（铵态氮或硝态氮），通过不同的转运蛋白主动吸收。同时，柑橘根系对铁元素的吸收也是主动的。在碱性土壤中，铁元素容易被固定，柑橘根系会分泌一些物质活化铁元素，并通过主动运输将铁吸收进入根细胞，以保证叶片的正常绿色和光合作用的进行。

（三）载体学说

载体是一种可通过生物膜的蛋白质或酶，离子先与载体结合形成不稳定的离子载体复合体，向膜内侧转移，进入生物膜后再将离子卸载到细胞质内，然后载体扩散出膜外继续运送离子。

（四）离子泵学说

离子泵是位于原生质膜上的ATP酶，ATP酶可以被K^+、Na^+等阳离子活化，促使其水解，形成磷酰基团。磷酰基不稳定，遇水形成磷酸和H^+，产生的H^+被膜泵出膜外，产生膜内外pH值梯度和电位差，从而使膜外阳离子在有能量供应的情况下逆电化学势梯度进入膜内。

（五）胞饮作用

这是一种特殊的吸收方式，植物根部细胞可能通过胞饮作用吸收养分。即被吸收的有机物质首先黏附在质膜上，然后质膜内陷，把有机物连同水分、盐分一起包围起来形成小囊泡，逐渐向细胞内移动。但这种方式对于根系吸收养分的贡献相对较小。

三、吸收具有选择性

（一）对不同离子的选择

植物对同一溶液中不同离子的吸收比例不同。例如，植物对钾离子的吸收通常比对钠离子的吸收多，即使在土壤中钠离子浓度较高时，根系仍优先吸收钾离子，这是因为植物细胞膜上的载体蛋白对不同离子的亲和力不同。

（二）对同一盐的阴阳离子选择

对于同一盐的阳离子和阴离子，植物的吸收量也可能不同，从而使溶液的酸碱度发生变化。如根系从溶液中有选择地吸收离子后使溶液酸度降低的生理碱性盐，如硝酸钠，植物吸收硝酸根离子多于钠离子；而使溶液酸度增加的生理酸性盐，如硫酸铵，植物吸收铵根离子多于硫酸根离子；还有植物吸收其阴离子、阳离子的量相近，不改变周围介质pH值的生理中性盐，如硝酸铵。

四、根系吸收无机养分的种类

（一）大量元素

包括氮（N）、磷（P）、钾（K）等。氮是蛋白质、核酸等的重要组成元素，对植物的生长发育、叶片生长和光合作用至关重要。磷参与核酸、磷脂和ATP等重要化合物的合成，对植物的能量代谢、花芽分化等生理过程有重要作用。钾能调节细胞渗透压、维持细胞膨压，促进光合作用和呼吸作用，增强植物的抗逆性。

（二）中量元素

如钙（Ca）、镁（Mg）、硫（S）等。钙是细胞壁的重要组成成分，在细胞信号转导中起作用。镁是叶绿素的中心原子，参与多种酶的活化。硫是含硫氨基酸和维生素等的组成成分，参与蛋白质合成和多种代谢过程。

（三）微量元素

有铁（Fe）、锰（Mn）、锌（Zn）、铜（Cu）、硼（B）、钼（Mo）等。铁是许多酶的组成成分，参与氧化还原反应和叶绿素合成。锰是酶的活化剂，影响光合作用和氮代谢。锌参与多种酶的合成和生长素的合成。铜是氧化酶的组成成分，参与氧化还原反应。硼与碳水化合物运输和生殖过程有关。钼是硝酸还原酶的组成成分，参与氮代谢和固氮过程。

五、与水分吸收相互关联又相互独立

（一）相互关联

盐分只有溶于水中，才能被根系吸收，并随水流进入根部的质外体。同时，矿物质的吸收会降低细胞的渗透势，促进植物的吸水，这就是所谓的以水调肥、肥水互促。

（二）相互独立

两者的吸收不成比例，吸收机理也不同，水分吸收主要是以蒸腾作用引起的被动吸水为主，而矿物质吸收则以主动吸收为主，并且分配方向也有所不同，水分主要分配到叶片，而矿物质主要分配到当时的生长中心。

六、影响根系吸收无机养分的主要环境因素

（一）土壤酸碱度

土壤酸碱度会影响无机养分的存在形态和有效性。例如，在酸性土壤中，铁、铝等元素的溶解度增加，可能会对植物造成毒害；而在碱性土壤中，磷、铁、锌等元素易形成难溶性化合物，降低其有效性，影响根系对这些元素的吸收。

（二）土壤温度

温度过低会使根系的呼吸作用减弱，降低根系吸收无机养分的能力；温度过高则

可能会使根系的酶活性受到抑制，同样影响吸收。适宜的土壤温度一般为15~25℃，不同植物对温度的适应范围略有差异。

（三）土壤通气状况

根系的呼吸作用需要氧气，良好的土壤通气状况能保证根系获得充足的氧气，使呼吸作用正常进行，从而为无机养分的主动吸收提供能量。如果土壤通气不畅，氧气不足，根系的呼吸作用受抑制，会影响对无机养分的吸收。

第三节　有机养分吸收

一、根系对有机养分的吸收具有一定的选择性

（一）对有机物种类的选择

1. 营养型有机物优先

植物根系通常优先吸收对自身生长发育和新陈代谢具有关键作用的营养型有机物。例如，氨基酸是植物合成蛋白质的基本单位，许多植物根系对其有较高的吸收选择性，像小麦、玉米等作物的根系能够吸收土壤中的多种氨基酸，用于自身蛋白质的合成。

2. 含氮、磷、钾的有机物受青睐

含氮有机物如尿素，能为植物提供氮元素，植物根系可吸收尿素并通过脲酶将其水解出铵根再利用。此外，一些含磷、钾的有机物也会被优先选择吸收，因为磷是植物体内许多重要化合物如ATP、磷脂等的组成成分，钾则在调节植物生理过程如气孔开闭、渗透调节等方面起关键作用。

3. 生长调节型有机物的吸收

某些具有生长调节作用的有机物，如植物激素或其类似物，也会被根系选择性吸收。例如，生长素类物质可以促进根系的生长和发育，根系对其有一定的吸收能力，以调节自身的生长模式和生理功能。

（二）对有机物分子大小和结构的选择

1. 小分子有机物易吸收

一般来说，根系更容易吸收小分子有机物。这是因为小分子有机物能够更容易地

通过细胞膜进入细胞内部。例如，单糖如葡萄糖、果糖等，它们的分子相对较小，能够较为顺利地透过细胞膜进入根系细胞，为植物提供能量和碳源。

2. 特定结构有机物的偏好

根系对具有特定化学结构的有机物也有选择性。例如，一些具有特定官能团或化学键的有机物更容易被吸收。对于含有羧基、羟基等极性官能团的有机物，由于它们与植物根系细胞表面的蛋白质或其他分子之间可能存在氢键等相互作用，从而更容易被吸附和吸收。

（三）对有机物浓度的选择

1. 低浓度促进，高浓度抑制

在一定范围内，随着土壤中有机物浓度的增加，根系对其吸收速率也会增加，但当有机物浓度过高时，可能会对根系产生毒害作用或抑制吸收。例如，植物根系在吸收某些离子态有机物时，低浓度时符合正常的吸收动力学规律，但浓度过高则会破坏细胞内的离子平衡和代谢过程，导致吸收受抑制。

2. 依自身需求调整吸收

植物会根据自身的生长发育阶段和营养状况，对不同浓度的有机物进行选择性吸收。例如，在植物生长旺盛期，对有机物的需求量大，根系会增加对各类有机物的吸收；而在生长缓慢或休眠期，吸收量则会减少。

二、根系吸收有机养分需要消耗能量

根系吸收有机养分通常是需要消耗能量的，主要原因如下。

（一）主动运输过程耗能

1. 逆浓度梯度吸收

大部分情况下，土壤中有机养分的浓度相对较低，而根系细胞内的有机养分浓度较高。例如，植物根系吸收土壤中的氨基酸时，常常是从低浓度的外界环境向高浓度的细胞内运输，这是一个逆浓度梯度的过程，需要消耗能量驱动载体蛋白将氨基酸转运进入细胞。

2. 载体蛋白的参与

根系细胞膜上存在各种特异性的载体蛋白，用于识别和结合不同的有机养分分子。这些载体蛋白在转运有机养分时，需要通过消耗能量改变自身的构象，从而实现将有机养分从膜外转运到膜内。例如，植物吸收糖类物质时，相应的糖类载体蛋白需要消耗能量完成转运工作。

（二）维持细胞内环境稳定耗能

1. 离子平衡的调节

根系吸收有机养分的过程可能会影响细胞内的离子平衡。例如，当吸收带负电荷的有机阴离子时，为了维持细胞内的电荷平衡，根系细胞需要通过消耗能量进行离子的协同运输或离子交换，以确保细胞内的电化学环境稳定，从而保证其他生理过程的正常进行。

2. 渗透压的维持

吸收有机养分进入细胞后，会改变细胞内的溶质浓度，进而影响细胞的渗透压。植物需要消耗能量调节细胞的渗透压，以防止细胞过度吸水或失水，保持细胞的正常形态和生理功能。

（三）代谢转化过程耗能

一些被根系吸收的有机养分并不能直接被植物利用，需要在细胞内进行进一步的代谢转化。例如，尿素被吸收进入根系细胞后，需要在脲酶的作用下分解为铵根离子和二氧化碳，然后才能被植物用于合成氨基酸等含氮化合物，这个代谢转化过程需要消耗能量。

三、有机养分经土壤微生物分解被吸收

有机养分需经过土壤微生物分解后才能被吸收利用，例如，蛋白质分解成氨基酸，尿素分解成酰胺，纤维素分解成糖类。

有机物质分解是一个复杂的过程，涉及多个微生物群体的相互作用和协同作用。有机物质进入土壤后，首先经历物理和化学分解的阶段。物理分解包括有机物质的机械碎化和分散，增加表面积和接触面积。化学分解包括水解、氧化、水解酶和酸碱反应等过程，将有机物质分解成更小的有机分子和可溶性化合物。在初级分解之后，微生物开始参与有机物质的分解。微生物包括细菌、真菌和放线菌等。它们通过酶的作用，将复杂的有机物质转化为更简单的物质。

不同类型的微生物在分解不同类型的有机物质中起着不同的作用。例如，微生物对不含氮的有机物难转化，简单糖类容易分解，而多糖类则较难分解；淀粉、半纤维素、纤维素、脂肪等分解缓慢，木质素最难分解，但在表性细菌的作用下可缓慢分解。葡萄糖在好气条件下，在酵母菌和乳酸菌等微生物作用下，生成简单的有机酸（醋酸、草酸等）、醇类、酮类。这些中间物质在空气流通的土壤环境中继续氧化，最后完全分解成二氧化碳和水，同时释放热量。微生物对含氮的有机物转化，土壤中含氮有机物在土壤微生物作用下，最终分解为无机态氮。

四、根系吸收有机养分的种类

植物根系也能吸收一些小分子的有机物质,如尿素、氨基酸、糖类、磷脂类、生长素、维生素和抗生素等。这些有机养分对植物的生长发育也有一定的促进作用。植物根系能吸收的有机养分主要有以下几类。

(一)糖类

1. 单糖

如葡萄糖、果糖等,是植物光合作用的最初产物,可通过韧皮部运输到根部,为根系生长和代谢提供能量与碳源。在植物生长早期或种子萌发时,种子内储存的淀粉等多糖会被分解为葡萄糖等单糖供根系吸收利用。

2. 双糖

例如蔗糖,是植物体内糖类运输的主要形式之一,在源器官合成后运输到根部,经转化酶分解为葡萄糖和果糖后被根系吸收,为根系的呼吸作用等生理过程提供底物。

(二)氨基酸类

1. 必需氨基酸

包括赖氨酸、色氨酸、苯丙氨酸等,植物自身不能合成或合成量不能满足需求,需从外界吸收。它们是蛋白质合成的基本单位,对于根系中各种酶、载体蛋白等蛋白质类物质的合成至关重要,影响根系的生长、发育和对养分的吸收能力。

2. 非必需氨基酸

如丙氨酸、谷氨酸等,可由植物自身合成,也能从外界吸收。它们在根系中参与氮代谢、能量代谢等多种生理过程,例如,谷氨酸可作为合成其他氨基酸和一些含氮化合物的前体物质。

(三)有机酸类

1. 三羧酸循环中的有机酸

如柠檬酸、苹果酸等,参与植物体内的三羧酸循环,为根系的呼吸作用提供中间产物,促进能量的产生和物质的转化。同时,它们还能与土壤中的金属离子形成螯合物,增加金属离子的溶解性和有效性,便于根系吸收利用金属养分。

2. 其他有机酸

例如草酸,可调节根系周围的土壤酸碱度,影响土壤中养分的存在形态和有效性;而且草酸钙等草酸的盐类在植物体内具有一定的生理功能,如作为钙的储存形式或参与植物的防御反应等。

（四）维生素类

1. 水溶性维生素

如维生素B_1（硫胺素）、维生素B_2（核黄素）、维生素B_6等，是许多酶的辅酶或辅基，参与根系细胞内的各种代谢反应，如呼吸作用、光合作用等，对根系的生长发育和正常生理功能的维持必不可少。

2. 脂溶性维生素

如维生素E，具有抗氧化作用，能保护根系细胞免受自由基的伤害，维持细胞膜的稳定性，从而保证根系的正常生理功能和吸收养分的能力。

（五）激素类

1. 生长素类

如吲哚乙酸（IAA），主要在植物地上部分合成，然后运输到根部，可促进根系的伸长生长，增加根的表面积，提高根系对水分和养分的吸收能力；还能诱导根细胞的分化和形成侧根。

2. 细胞分裂素类

如玉米素、激动素等，可促进根系细胞的分裂和增殖，增加根的细胞数量，有利于根系的生长和发育；同时还能调节根系与地上部分的生长平衡。

3. 赤霉素类

如赤霉酸（GA3），对根系的生长有促进作用，能使根伸长，增加根的生物量；还能打破种子休眠，促进种子萌发和根系的早期生长。

4. 脱落酸

虽通常被认为是一种抑制生长的激素，但在根系中，脱落酸可调节根系的生长方向，使根系向水性和向地性增强，有利于根系更好地适应环境；在干旱等逆境条件下，脱落酸还能促进根系对水分的吸收和运输，增强植物的抗旱性。

5. 乙烯

乙烯是一种气体激素，可由根系自身产生或从地上部分运输到根部。适量的乙烯能促进根系的生长和发育，增加根的粗度和侧根数量；但在高浓度时，可能会抑制根系生长。

（六）其他有机物质

1. 酚类化合物

包括简单酚类和复杂酚类，如对羟基苯甲酸、儿茶酚等，具有多种生理功能。它们在根系中可参与植物的防御反应，抵御病原菌的侵染；还能与土壤中的金属离子发生络合反应，影响金属离子的活性和吸收。

2. 生物碱类

如尼古丁、咖啡因等，虽然在植物体内含量相对较低，但对植物的生长发育和防御具有重要作用。在根系中，生物碱可作为信号分子，调节根系的生长和对环境的适应；同时也具有一定的抗虫和抗菌活性。

3. 含磷有机化合物

如磷脂、植酸等，磷脂是细胞膜的重要组成成分，参与根系细胞的膜结构构建和物质运输；植酸是植物体内磷的一种储存形式，在根系中可被分解为无机磷供植物吸收利用。

五、影响根系吸收有机养分的主要环境因素

（一）土壤环境因素

1. 土壤温度

（1）影响吸收速率

土壤温度过低时，根系细胞的活性下降，呼吸作用减弱，能量供应减少，这会导致根系吸收有机养分的主动运输过程减缓。例如，在寒冷的早春，许多植物生长缓慢，对有机肥料的吸收利用率较低。而适宜的温度能增强根系细胞的活性和膜透性，加快有机养分的吸收。

（2）改变微生物活性

土壤温度还会影响土壤中微生物的活性。微生物在分解有机物质、转化有机养分形态等方面起着重要作用。低温会抑制微生物的代谢活动，减少有机养分的矿化和释放，使可供根系吸收的有机养分减少；高温则可能导致部分微生物死亡或活性异常，同样影响有机养分的转化和供应。

2. 土壤湿度

（1）影响养分移动

适度的土壤湿度有利于有机养分在土壤中的移动和扩散，使其更容易到达根系表面被吸收。如果土壤过于干燥，有机养分难以在土壤孔隙中移动，根系与有机养分的接触机会减少，吸收效率降低。

（2）改变根系生长

土壤湿度过高会导致土壤通气性变差，影响根系的呼吸作用，进而抑制根系的生长和对有机养分的吸收功能。例如，在积水的土壤中，植物根系容易缺氧，生长受阻，对有机养分的吸收能力也随之下降。

3. 土壤质地与结构

（1）影响养分储存与供应

不同质地的土壤对有机养分的储存和供应能力不同。黏土颗粒细小，能吸附较多的有机养分，但养分释放速度较慢；砂土颗粒大，吸附能力弱，有机养分容易随水流失，但养分供应相对较快。团粒结构良好的土壤，既能保持一定量的有机养分，又能保证良好的通气性和透水性，有利于根系对有机养分的吸收。

（2）影响根系发育

土壤质地和结构还会影响根系的伸展和分布。质地疏松、结构良好的土壤有利于根系的穿插和生长，使根系能够接触到更多的有机养分源；而质地黏重、结构紧实的土壤则会限制根系的生长范围，减少根系吸收有机养分的机会。

4. 土壤酸碱度

（1）影响养分有效性

土壤酸碱度直接影响有机养分的存在形态和有效性。例如，在酸性土壤中，一些微量元素如铁、铝等的溶解度增加，可能会与有机养分发生化学反应，形成难溶性化合物，降低其可被根系吸收的程度；在碱性土壤中，磷等元素容易被固定，也会影响根系对有机养分的吸收。

（2）改变微生物群落

土壤酸碱度还会影响土壤微生物群落的组成和活性。不同的微生物对酸碱度有不同的适应范围，酸碱度的变化会导致微生物群落结构发生改变，进而影响有机养分的分解、转化和供应。

（二）气候环境因素

1. 光照

（1）影响光合作用

光照充足时，植物通过光合作用合成的有机物质增多，这些有机物质可以运输到根系，为根系吸收有机养分提供能量和物质基础。同时，光合作用产生的氧气也有利于根系的呼吸作用，促进有机养分的吸收。

（2）调节生长激素

光照还可以影响植物体内生长激素的合成和分布，进而调节根系的生长和对有机养分的吸收能力。例如，适当的光照可以促进根系中生长素的合成，刺激根系的生长和发育，增加根系对有机养分的吸收面积。

2. 温度

（1）影响植物整体生理状态

气温过高或过低都会影响植物的整体生理功能，进而影响根系对有机养分的吸收。高温可能导致植物蒸腾作用过强，水分散失过多，使根系缺水，影响有机养分的吸收和运输；低温则会使植物生长减缓，根系代谢活动减弱，降低对有机养分的吸收效率。

（2）改变土壤温度产生间接影响

大气温度还会通过改变土壤温度间接影响根系吸收有机养分，如前文所述，土壤温度对根系吸收有机养分有重要影响。

3. 大气湿度和降水

（1）影响土壤湿度

大气湿度和降水主要通过影响土壤湿度间接影响根系对有机养分的吸收。降水过多会导致土壤过湿，影响根系呼吸和养分吸收；降水过少则会使土壤干旱，有机养分难以移动到根系周围，吸收受阻。

（2）影响微生物活性

湿度的变化也会影响土壤表面微生物的生存环境，进而影响其对有机养分的分解和转化。例如，在连续降雨的天气下，土壤表面的微生物可能会因为缺氧而活动受限，减少有机养分的供应。

（三）其他环境因素

1. 海拔和地形

（1）影响气候条件

海拔和地形的变化会导致气候条件的改变，如温度、光照、降水等，从而间接影响根系对有机养分的吸收。一般来说，海拔越高，气温越低，植物生长周期延长，根系吸收有机养分的效率也会受到影响。在山地的不同坡向，光照和降水条件不同，也会使植物根系吸收有机养分的情况有所差异。

（2）改变土壤条件

海拔和地形还会影响土壤的形成和性质，如土壤质地、酸碱度、养分含量等。例如，在山区的山谷底部，土壤往往比较肥沃，有机养分丰富，但可能排水不畅；而在山坡上部，土壤可能比较贫瘠，有机养分含量低，但通气性较好。这些都会影响根系对有机养分的吸收。

2. 环境污染

（1）改变土壤化学性质

工业污染、农药化肥的不合理使用等会导致土壤污染，改变土壤的化学性质，如增加土壤中的重金属含量、改变土壤酸碱度等，从而影响有机养分的有效性和根系的吸收能力。例如，土壤中过量的重金属会与有机养分结合，形成难以被根系吸收的复合物。

（2）影响微生物活性

环境污染还会对土壤微生物群落造成损害，抑制微生物的活性，减少有机养分的分解和转化，使根系可吸收的有机养分减少。同时，污染物质可能直接毒害根系，导致根系生长受阻，吸收功能下降。

第四节　提高根系吸收水分、养分效率的方法

一、土壤管理

（一）改善土壤结构

1. 原理

疏松、通气良好且具有合适团聚体结构的土壤，能够让根系更好地生长和伸展，增加根系与土壤的接触面积，从而提高营养物质的吸收效率。例如，土壤板结会限制根系的延伸和扩展，使根系难以到达富含养分的土壤区域。

2. 操作方法

增施有机肥料，如腐熟的堆肥、厩肥等。有机物质在土壤中分解时，会产生腐殖质，腐殖质能够将土壤颗粒黏结成团聚体，改善土壤的通气性和透水性。

进行合理的耕作，如深耕结合浅耕。深耕可以打破犁底层，增加土壤的通气性和透水性；浅耕则有助于保持土壤表层的疏松，为根系生长创造良好的环境。

（二）调节土壤酸碱度（pH值）

1. 原理

不同的营养元素在不同的pH值下有效性不同。例如，在酸性土壤中，铁、锰、锌等微量元素的有效性较高，但磷元素容易被固定；在碱性土壤中，钙、镁等元素的有效性较高，而铁、锰、锌等元素容易形成难溶性化合物，导致植物难以吸收。

2. 操作方法

对于酸性土壤，可以施用石灰（如碳酸钙、氢氧化钙等）提高土壤pH值。石灰能

够中和土壤酸性，使磷等营养元素的有效性提高，同时也能改善土壤结构。

对于碱性土壤，可以施用硫磺粉、硫酸亚铁等酸性物质降低土壤pH值，提高铁、锰、锌等微量元素的有效性。

（三）保持土壤水分适宜

1. 原理

水分过少时，土壤溶液中的营养物质浓度过高，可能会对根系造成伤害，同时也会影响营养物质的扩散和质流过程；水分过多时，土壤通气性差，根系缺氧，会抑制根系的正常生理功能，降低对营养物质的吸收能力。

2. 操作方法

采用合理的灌溉方式，如滴灌、喷灌等。滴灌能够将水分精确地输送到植物根系周围，避免水分的浪费和土壤积水；喷灌可以均匀地湿润土壤，同时还能起到一定的降温增湿作用。

建立良好的排水系统，对于容易积水的土壤，如黏质土壤或地势低洼的土地，通过开沟排水等措施，确保土壤通气性良好。

二、根系管理

（一）促进根系生长和发育

1. 原理

健康、发达的根系具有更多的根毛和更大的吸收面积，能够更有效地吸收营养物质。

2. 操作方法

合理使用植物生长调节剂，如生长素类物质。生长素能够促进根系细胞的分裂和伸长，增加根毛的数量和长度。例如，萘乙酸（NAA）、吲哚丁酸（IBA）等在适当浓度下可以用于浸泡植物插条，促进生根。采用根系修剪和断根处理。对于一些生长势过强的植物，可以适当修剪根系，刺激根系的再生和新根的生长。断根处理可以打破根系生长的平衡，促使根系向更广泛的区域生长，增加根系的吸收范围。

（二）保护根系免受病虫害侵害

1. 原理

病虫害会损伤根系，破坏根系的结构和功能，影响根系对营养物质的吸收。

2. 操作方法

进行土壤消毒，在种植前可以采用化学药剂（如福尔马林、氯化苦等）或物理方法（如蒸汽消毒、太阳能消毒等）对土壤进行消毒，杀死土壤中的病原菌和害虫。

合理轮作和间作。轮作可以改变土壤中的微生物群落结构，减少病原菌和害虫的积累；间作可以利用植物之间的相生相克关系，减轻病虫害对根系的危害。例如，洋葱和胡萝卜间作可以减少胡萝卜根蛆的危害。

三、施肥管理

（一）平衡施肥

1. 原理

植物对各种营养元素的需求有一定的比例关系，只有当各种营养元素供应平衡时，植物才能正常生长发育，根系才能高效地吸收营养物质。例如，氮、磷、钾之间的比例协调对于植物的生长至关重要，如果氮肥施用过多，会导致植物徒长，根系发育不良，影响对磷、钾等其他元素的吸收。

2. 操作方法

根据土壤肥力状况和植物的需肥特点，制定合理的施肥方案。通过土壤测试分析土壤中各种营养元素的含量，结合植物不同生长阶段的需肥规律，确定氮、磷、钾及其他微量元素的施用量和施用比例。

采用配方施肥技术，将不同种类的肥料按照一定的比例混合施用，以满足植物对营养元素的平衡需求。

（二）合理施肥方法

1. 原理

不同的施肥方法会影响营养物质在土壤中的分布和有效性，进而影响根系的吸收效率。

2. 操作方法

深施基肥，将有机肥和部分化肥施入土壤深层，可以引导根系向深处生长，扩大根系的吸收范围，同时也能减少肥料的挥发和淋失。

分期追肥，根据植物的生长阶段进行多次追肥，使营养物质的供应与植物的生长需求相匹配。例如，在植物的幼苗期，应以氮肥为主，促进茎叶生长；在开花结果期，则应增加磷肥、钾肥的施用，以促进花芽分化和果实发育。

第七章

根系共生系统与调控

植物根系是植物与土壤环境进行物质交换的重要载体，其功能的正常发挥对于植物的生长和发育具有决定性作用。在自然生态系统中，植物根系往往不是孤立存在的，而是与多种微生物形成共生关系，这些共生关系对于植物适应环境、提高养分利用效率具有重要意义。根系共生系统是植物根系与土壤微生物之间形成的一种互利共生关系，是植物与微生物长期协同进化的结果，它们通过相互识别、信号传递和物质交换等方式实现共生。这种共生关系对植物生长、营养吸收以及生态系统的健康和功能具有深远的影响。

第一节 根系生长与微生物的关系

根系生长与微生物之间存在着非常复杂且密切的关系，既互利共生，又相互拮抗。

一、互利共生关系

（一）菌根共生

1. 菌根的形成

许多植物的根系与真菌能够形成菌根。真菌的菌丝体侵入植物根系的皮层细胞间或细胞内，与植物根系建立紧密的联系。例如，外生菌根中，真菌菌丝主要在根系表面形成菌丝鞘，部分菌丝侵入根皮层细胞间隙；内生菌根（如丛枝菌根）中，真菌菌丝则深入到根皮层细胞内部，形成特殊的结构。

2. 对植物根系生长的促进作用

（1）养分吸收增强

菌根真菌可以极大地扩展根系的吸收范围。它们的菌丝体比植物根系更纤细，能够深入到植物根系无法到达的土壤孔隙中，吸收土壤中的磷、氮、钾等养分，并将这些养分传递给植物根系。例如，在低磷土壤中，菌根真菌能够有效地溶解土壤中的难溶性磷，然后将磷转运给植物，促进植物根系和地上部分的生长。

（2）提高植物抗逆性

菌根真菌可以增强植物根系对干旱、盐碱、重金属污染等逆境的抵抗能力。在干旱条件下，菌根真菌的菌丝可以增加根系与土壤的接触面积，提高根系对水分的吸收效率；在盐碱土壤中，菌根真菌能够调节植物体内的离子平衡，减轻盐分对根系的伤害；对于重金属污染土壤，菌根真菌可以通过在菌丝内络合重金属离子，减少植物根系对重金属的吸收。

（二）根瘤菌与豆科植物共生

1. 根瘤的形成

根瘤菌与豆科植物的根系共生时，根瘤菌会侵入豆科植物的根毛，然后在根的皮层细胞内大量繁殖，使皮层细胞不断分裂，形成根瘤。

2. 对植物根系生长的促进作用

（1）固氮作用

根瘤菌具有固氮能力，能够将空气中的氮气转化为植物可利用的氨态氮。这种固氮作用为植物提供了丰富的氮源，促进植物根系和地上部分的生长发育。例如，大豆与根瘤菌共生后，大豆植株的根系更加发达，地上部分繁茂，产量也显著提高。

（2）改善土壤环境

根瘤菌在土壤中的活动可以改善土壤的物理性质和化学性质。它们在生长过程中分泌的一些有机物质可以增加土壤的团聚性，提高土壤的通气性和保水性，有利于植物根系的生长。

二、相互拮抗关系

（一）病原菌与植物根系

1. 病原菌对根系的侵害

许多土壤中的病原菌会对植物根系造成严重的损害。例如，镰刀菌、疫霉菌等真菌病原菌可以侵染植物根系，它们通过分泌细胞壁降解酶（如纤维素酶、果胶酶等）破坏根系的细胞壁，进入根系细胞内部，干扰细胞的正常代谢。

2. 植物根系的防御反应

植物根系也会对病原菌的入侵产生防御反应。植物根系可以分泌一些具有抗菌活性的物质，如植保素、酚类化合物等，抑制病原菌的生长和繁殖。同时，植物根系还可以通过加厚细胞壁、形成木栓层等结构变化阻止病原菌的进一步入侵。

（二）根际微生物竞争

1. 养分竞争

在植物根际周围，存在着多种微生物，它们之间会对有限的养分资源进行竞争。例如，一些微生物能够快速吸收土壤中的氮、磷等养分，这可能会导致植物根系可利用的养分减少，从而影响根系的生长。不过，在健康的土壤生态系统中，这种竞争也会促使植物根系和微生物进化出更高效的养分吸收策略。

2. 空间竞争

微生物和植物根系在土壤中也存在空间上的竞争。微生物在土壤中的分布和繁殖会占据一定的空间，当微生物群落过于密集时，可能会限制植物根系的生长空间，使根系生长受到阻碍。

三、其他间接关系

（一）土壤结构改良

一些微生物在土壤中的活动可以改善土壤结构，从而间接影响根系生长。例如，某些细菌能够分泌胞外多糖等物质，这些物质可以将土壤颗粒黏结成团聚体，增加土壤的孔隙度和通气性，有利于根系的生长和伸展。

（二）激素调节

微生物还可以通过分泌植物激素或类似物影响根系生长。例如，一些根际微生物能够分泌生长素、细胞分裂素等植物激素，这些激素可以调节根系细胞的分裂、伸长和分化，影响根系的形态和生长速度。

第二节　根系共生系统的生态意义

一、促进植物生长

菌根真菌通过其广泛的菌丝网络扩展了植物根系的吸收范围，帮助植物更好地获取水分和矿物质元素，特别是磷和氮。这对于提高植物的生长速度和生物量具有重要意义。

二、增强植物抗逆性

菌根共生能够提高植物对干旱、盐碱、重金属等非生物胁迫的耐受性，同时也能增强植物对病虫害的抵抗能力，有助于植物在恶劣的环境条件下生存和繁衍。

三、改善土壤结构

菌根真菌的菌丝在土壤中交织成网，有助于土壤颗粒的聚集和稳定，从而改善土壤结构，提高土壤的通气性和保水性。

四、促进养分循环

菌根真菌在分解有机物质、释放养分方面发挥着重要作用，它们能够将土壤中的有机磷转化为无机磷，供植物吸收利用。同时，菌根真菌还能与其他土壤微生物相互作用，共同促进土壤养分的循环和转化。

五、维持生物多样性

菌根共生系统的存在有助于维持植物群落的生物多样性。不同的植物种类可能与不同的菌根真菌形成共生关系，这些共生关系的差异促进了植物群落的物种丰富度和遗传多样性。

六、生态系统服务

菌根共生系统在自然和农业环境中提供多种生态系统服务，如碳封存、颗粒聚集、土壤肥力提升等。这些服务对于维持生态系统的稳定性和可持续性至关重要。

第三节　根系共生系统主要微生物

一、细菌类

（一）根瘤菌

根瘤菌与豆科植物共生形成根瘤，可将空气中的氮气转化为植物可吸收利用的含氮化合物，如氨，为植物提供氮素营养。

（二）荧光假单胞菌

能产生抗菌物质抑制病原菌，如2，4-二乙酰间苯三酚可抑制影响草和谷类植物根部的真菌病害，还能通过螯合铁抑制一些病原菌，同时其自身也能在根系定殖并与植物相互作用，促进植物生长。

（三）芽孢杆菌

具有多种促进植物生长和防治病害的功能。一些芽孢杆菌能产生抗生素、酶等物质抑制病原菌，还可通过诱导植物产生系统抗性增强植物的抗病能力；同时能分泌植物生长激素，如吲哚乙酸，促进植物根系发育和生长。

二、真菌类

（一）丛枝菌根真菌

能与绝大多数植物形成共生关系，侵入植物根系皮层细胞间或细胞内形成丛枝菌根。可扩大植物根系的吸收面积，帮助植物吸收土壤中的水分和养分，尤其是磷元素，还能增强植物对干旱、盐碱等逆境的耐受性。

（二）外生菌根真菌

与许多木本植物，如松树、云杉等形成外生菌根。在植物根系表面形成菌丝鞘，菌丝伸入土壤代替植物根系吸收水分和养分，能提高植物对养分的吸收效率，增强植物抗逆性，在林业生产中对幼苗培育和造林成功与否至关重要。

三、放线菌类

（一）弗兰克氏放线菌

能与非豆科植物如桤木属植物形成共生关系，侵入植物根系后形成根瘤，进行固氮作用，为植物提供氮素营养。

（二）链霉菌

一些链霉菌属的放线菌可产生抗生素、植物生长调节剂等次生代谢产物，抑制土壤中病原菌的生长，促进植物生长发育。

第四节　根系共生系统的形成机制

一、菌根共生系统形成机制

（一）信号识别与交换

1. 真菌的信号分子分泌

真菌会分泌一些信号分子，如脂肽、类黄酮、萜烯、赤霉素和类萜化合物等。这些信号分子可以在土壤中扩散，被植物根系感知。

2. 植物的受体识别

植物根系细胞表面存在相应的受体蛋白，能够特异性识别真菌分泌的信号分子。一旦识别成功，就会触发植物根系细胞内的信号转导途径。

（二）物理接触与侵染

1. 趋根性生长

真菌菌丝在接收到植物根系释放的信号后，会表现出趋根性，朝着根系的方向生长，并最终与根系表面接触。

2. 附着与侵染

菌丝与根系表面接触后，通过分泌一些黏性物质或利用自身的特殊结构附着在根系表面。随后，菌丝可以通过机械压力和分泌胞外酶溶解植物细胞壁中的半纤维素和果胶等物质，穿透根皮层细胞进入内皮层。

（三）共生结构形成

1. 外生菌根

菌丝在根系表面形成一层菌根鞘，同时在根皮层细胞间隙形成哈蒂格网。菌根鞘由菌丝紧密交织而成，可保护根系并帮助吸收养分；哈蒂格网则是由菌丝构成的细胞外基质和植物细胞壁糖蛋白组成，为真菌和植物提供营养和信号交换的界面。

2. 内生菌根

菌丝穿透根皮层和内皮层，在皮层细胞内形成丛枝状结构或泡囊等，这些结构极大地增加了真菌与植物细胞的接触面积，有利于营养物质的交换。

（四）营养物质交换与相互作用

1. 植物提供碳源

植物通过光合作用合成碳水化合物，如葡萄糖和蔗糖等，并将其运输到根部，然后提供给真菌，满足真菌生长和代谢的能量需求。

2. 真菌能提供养分，并有利于提高植物机能

真菌利用其庞大的菌丝网络，从土壤中吸收水分、矿物质（如磷、氮、钾等），并将水分和养分传递给植物。此外，真菌还可以帮助植物提高对逆境的耐受性，如增强植物对干旱、盐碱、重金属等胁迫的抵抗能力，以及通过与病原菌竞争生态位或诱导植物产生防御反应抵御病害。

（五）激素调节与免疫调控

1. 激素调节

植物激素和真菌激素在菌根共生系统的形成和维持中起着重要作用。例如，赤霉素可促进菌根形成，而脱落酸在某些情况下可能抑制菌根形成；同时，激素还参与调节营养物质的分配和信号转导过程。

2. 免疫调控

植物的免疫系统在菌根共生中也起到关键作用。一方面，植物需要识别共生真菌，避免将其当作病原菌进行攻击；另一方面，共生真菌也会通过释放一些信号分子调节植物的免疫反应，抑制病原体诱导的防御反应，使植物免疫系统处于一种平衡状态，既能接纳共生真菌，又能抵御真正的病原菌。

二、根瘤共生系统形成机制

（一）识别与信号传递

1. 根瘤菌的信号分子

根瘤菌能产生一些信号分子，如结瘤因子，这些因子被植物根系分泌的特定受体蛋白识别，从而启动根瘤形成的信号转导途径。

2. 植物的信号响应

植物根系在感知到根瘤菌的信号后，会产生一系列生理和生化反应，如根毛变形、细胞分裂素等激素水平的变化，为根瘤的形成和发育做好准备。

（二）侵染与根瘤原基形成

1. 根毛卷曲与侵染线形成

根瘤菌附着在植物根毛表面后，会诱导根毛发生卷曲，随后根瘤菌从根毛卷曲处

侵入根毛细胞，并在根毛细胞内形成一条侵染线。侵染线是一种由植物细胞膜内陷形成的管状结构，根瘤菌在其中不断繁殖并向根内部推进。

2. 根瘤原基的诱导与形成

随着侵染线的延伸，根瘤菌进入根的皮层细胞，并诱导皮层细胞分裂，形成根瘤原基。根瘤原基是根瘤的前身，它的形成标志着根瘤发育的开始。

（三）根瘤发育与成熟

1. 细胞分化与组织形成

根瘤原基中的细胞不断分裂和分化，形成不同的组织和细胞类型，包括皮层细胞、维管束细胞、含菌细胞等。含菌细胞是根瘤中与根瘤菌共生的细胞，根瘤菌在其中大量繁殖并固氮。

2. 根瘤的成熟与功能完善

随着细胞的进一步分化和组织的发育，根瘤逐渐成熟，形成具有完整结构和功能的根瘤。成熟的根瘤具有固氮功能，能够将空气中的氮气转化为植物可利用的氨态氮，供植物吸收和利用。

（四）营养物质交换与共生维持

1. 根瘤菌的营养获取

根瘤菌在根瘤内从植物皮层细胞中吸取营养物质，如糖类、氨基酸等，以维持自身的生长和代谢。

2. 植物的氮素供应

根瘤菌利用自身的固氮酶系统，将空气中的游离氮转化为含氮化合物，如氨，然后将这些含氮化合物提供给植物，满足植物对氮素的需求。这种营养物质的交换是根瘤共生系统得以维持的关键，双方相互依存，共同受益。

三、放线菌根瘤共生系统形成机制

放线菌根瘤共生系统是指弗兰克氏放线菌与非豆科植物形成根瘤或茎瘤并能固定分子态氮气供植物利用的互利关系。空气中存在着大量的分子态氮，它们约占空气成分的80%。然而，绝大多数植物只能从土壤中吸收结合态氮，用来合成自身的含氮化合物。

（一）信号识别与交换

1. 植物信号释放

植物根系会向周围环境分泌一些特定的信号分子，如黄酮类化合物、酚类物质等。这些信号分子可以作为"化学信号"，向周围的放线菌传递植物的存在以及其生理状态等信息，吸引放线菌向根系靠近。

2. 放线菌响应与信号反馈

放线菌能够感知植物释放的信号分子，并做出相应的反应。例如，当接收到植物的信号后，放线菌会改变自身的生理状态和基因表达，同时也会向植物根系释放一些信号分子，如脂壳寡糖等，作为对植物信号的反馈，告知植物其已接收到信号并准备建立共生关系。

（二）侵染与定殖

1. 侵染过程

在相互识别后，放线菌通过植物根系表面的伤口、裂隙或根毛等部位侵入根系组织。一些放线菌可以产生水解酶，如纤维素酶、果胶酶等，分解植物细胞壁成分，从而更容易进入根系内部。

2. 定殖与增殖

进入根系后，放线菌会在皮层细胞间隙或细胞内定殖，并开始大量增殖。放线菌会利用植物提供的营养物质和适宜的生存环境，在根系内形成特定的菌群结构，与植物根系细胞建立紧密的联系。

（三）根瘤形成与发育

1. 根瘤原基诱导

定殖在根系内的放线菌会诱导植物根系细胞发生一系列生理和形态变化，促使根瘤原基的形成。这个过程涉及植物激素的调节以及细胞分裂和分化的启动。例如，放线菌可能会影响植物体内生长素、细胞分裂素等激素的水平和分布，从而调控根瘤原基的发育。

2. 根瘤成熟

根瘤原基形成后，在放线菌和植物的共同作用下，根瘤逐渐发育成熟。成熟的根瘤具有特定的结构，包括皮层、维管束和含菌细胞等区域。其中，含菌细胞是放线菌生存和进行固氮作用的场所，植物通过维管束为根瘤提供必要的营养物质，同时根瘤也将固定的氮素输送给植物。

（四）物质与能量交换

1. 营养物质供应

植物为放线菌提供碳源、氮源、矿物质和维生素等营养物质，以支持放线菌的生长和代谢。这些营养物质通过植物的根系分泌物或细胞内的转运系统输送给放线菌。

2. 氮素固定与转化

放线菌具有固氮酶，可以将空气中的氮气转化为氨，这是放线菌与植物根系共生系统的重要功能之一。固定的氮素随后被转化为植物可以吸收和利用的形式，如氨基酸、酰胺等，然后输送给植物，供植物生长发育所需。

3. 其他物质交换

除了氮素，放线菌还可能参与植物对其他营养元素的吸收和转化，如磷、铁等。同时，放线菌也可能产生一些植物激素、维生素或其他生物活性物质，促进植物的生长和发育。

第五节　影响根系共生系统的因素

一、生物因素

（一）微生物种类与特性

1. 共生菌的特异性

不同的植物根系与特定种类的微生物形成共生关系。如豆科植物与根瘤菌，根瘤菌的不同菌株对宿主植物的侵染能力和固氮效率有所差异，若根瘤菌与豆科植物物种不匹配，可能导致结瘤少、固氮能力弱。菌根真菌中，外生菌根真菌、内生菌根真菌分别适合不同的植物种类，例如，松科植物多与外生菌根真菌共生，而兰科植物常与内生菌根真菌共生。

2. 微生物的致病性

土壤中存在的致病微生物会干扰根系共生系统。如一些病原菌会侵染根系，破坏根系结构，影响共生菌的侵染和定殖，或者与共生菌竞争营养物质和生态位，从而抑制根系共生系统的形成和功能。

3. 微生物之间的相互作用

土壤微生物群落结构复杂，微生物之间存在相互作用。有益微生物之间可能存在协同作用，促进根系共生系统的建立和发展，比如某些细菌可以促进菌根真菌对根系的侵染。而有害微生物与有益微生物之间则可能存在拮抗作用。

（二）植物自身特性

1. 植物种类与品种

不同植物种类的根系结构和生理特性不同，对共生关系的需求和适应能力也不同。例如，须根系的禾本科植物与直根系的双子叶植物，在与微生物共生时的方式和程度有区别。同一植物的不同品种，其根系分泌物的成分和数量可能存在差异，进而影响对共生微生物的吸引和选择。

2. 植物的生长发育阶段

植物在不同的生长发育阶段，对共生关系的需求和响应不同。幼苗期植物根系较幼嫩，对共生微生物的依赖较大，此时若缺乏合适的共生菌，可能影响植物的正常生长甚至存活；成年期植物根系发达，共生系统相对稳定，但也会受到环境变化的影响。

3. 植物的健康状况

健康的植物根系能够更好地与微生物建立共生关系。当植物受到病虫害侵袭、营养不良或遭受逆境胁迫时，根系的生理功能受损，其分泌的物质和自身的防御机制可能发生改变，从而影响共生微生物的侵染和共生系统的稳定性。

二、环境因素

（一）土壤条件

1. 土壤质地与结构

疏松、透气性好的土壤有利于根系的呼吸和生长，也便于共生微生物的侵染和扩散，如砂壤土通常比黏土更有利于菌根真菌和根瘤菌的活动。良好的土壤团粒结构可以提供适宜的孔隙度，保持水分和养分，为根系共生系统创造有利的物理环境。

2. 土壤酸碱度

不同的共生微生物对土壤酸碱度有不同的适应范围。例如，大多数菌根真菌适宜在中性至微酸性的土壤中生长，而一些根瘤菌在偏碱性的土壤中固氮效果更好。土壤酸碱度还会影响养分的有效性，进而间接影响根系共生系统的功能。

3. 土壤养分状况

土壤中养分的含量和种类对根系共生系统有重要影响。缺乏某些关键养分，如磷、氮等，可能促使植物根系与相应的共生微生物建立更紧密的关系，以获取这些养分；而养分过剩则可能降低植物对共生的需求，甚至对共生微生物产生抑制作用。

4. 土壤水分含量

适宜的土壤水分是维持根系共生系统正常运行的必要条件。水分过多会导致土壤通气性差，根系缺氧，影响共生微生物的呼吸和代谢；水分过少则会使植物根系缺水，生长受抑，也不利于共生菌的生存和侵染。

（二）气候条件

1. 温度

温度影响植物和微生物的生理活动。过低或过高的温度都会抑制根系的生长和微生物的活性，从而影响根系共生系统的形成和功能。例如，根瘤菌在适宜的温度范围内才能正常侵染豆科植物根系并进行固氮作用。

2. 光照

光照通过影响植物的光合作用，间接影响根系共生系统。充足的光照可以为植物提供足够的能量和物质，促进根系的生长和发育，增强植物对共生微生物的支持能力；光照不足可能导致植物生长不良，根系分泌物减少，影响对共生菌的吸引。

3. 大气湿度和降水

大气湿度和降水影响土壤的水分含量和空气湿度，进而影响根系和共生微生物的生存环境。长期干旱或过度湿润的气候条件都不利于根系共生系统的稳定。

三、化学因素

（一）植物根系分泌物

植物根系会分泌各种有机物质，如糖类、氨基酸、有机酸、酚类化合物等。这些分泌物可以作为信号分子，吸引特定的共生微生物向根系聚集；还可以为共生微生物提供营养物质，促进其生长和侵染。

（二）土壤中的化学物质

土壤中的一些化学物质，如重金属离子、农药残留、化肥等，可能对根系共生系统产生影响。适量的化肥可以提供植物生长所需的养分，促进根系和共生微生物的生长，但过量使用可能造成土壤污染，抑制共生微生物的活性；农药残留可能直接杀死共生微生物或改变土壤微生物群落结构；重金属离子超标会对植物和微生物产生毒害作用，破坏根系共生系统。

第六节　根系共生系统的调控方法

一、土壤调控

（一）土壤改良

通过添加有机肥料，如腐熟的堆肥、厩肥等，改善土壤结构，增加土壤的透气性和保水性，为根系和共生微生物创造良好的生存环境。也可添加珍珠岩、蛭石等无机材料，调节土壤的孔隙度和保水性。

（二）土壤酸碱度调节

对于酸性土壤，可添加石灰等碱性物质提高土壤pH值；对于碱性土壤，则可施用硫磺粉、硫酸亚铁等酸性物质降低pH值，使其更适宜共生微生物的生长。

（三）土壤消毒

必要时可进行土壤消毒，以减少土壤中病原菌和有害微生物的数量，但要注意避免过度消毒对有益微生物造成伤害。可采用化学药剂消毒，如使用福尔马林、氯化苦等；也可采用物理方法消毒，如太阳能消毒、高温闷棚等。

二、微生物调控

（一）接种有益微生物

根据不同的植物种类和种植需求，有针对性地接种根瘤菌、菌根真菌等有益微生物。例如，在种植豆科作物时，接种匹配的根瘤菌菌株，可提高根瘤的形成和固氮效率；对于许多陆生植物，接种丛枝菌根真菌能增强其养分吸收能力。

（二）微生物群落调控

通过添加微生物菌剂或采用合理的轮作制度，调节土壤微生物群落结构，促进有益微生物的生长和繁殖，抑制有害微生物的活动。一些微生物菌剂含有多种有益微生物，如芽孢杆菌、放线菌等，它们之间相互协作，可改善土壤微生态环境。

三、植物调控

（一）品种选择

筛选和培育对共生关系具有良好适应性的植物品种。不同品种的植物在根系分泌物的成分和数量、根系结构等方面存在差异，从而影响与共生微生物的相互作用。选择那些能与共生微生物高效共生的品种进行种植，可提高共生系统的效益。

（二）植物营养管理

合理施肥，确保植物获得充足的养分，但要避免过量施肥，特别是氮肥的过量施用，以免抑制共生微生物的活性。同时，可根据植物和共生微生物的需求，补充一些微量元素，如铁、锌、锰等，有助于维持共生系统的正常功能。

（三）植物生长调节

运用植物生长调节剂，如生长素、细胞分裂素等，调节植物的生长发育，促进根系的生长和发育，增强植物对共生微生物的吸引力和接纳能力。

四、环境调控

（一）水分管理

保持适宜的土壤水分含量，避免土壤过干或过湿。干旱时及时浇水，雨季注意排水，以维持根系和共生微生物的正常生理活动。

（二）温度控制

对于一些对温度敏感的共生关系，可通过设施农业的手段，如搭建温室、覆盖地膜等，调节土壤温度，使其处于适宜共生微生物生长和共生系统形成的范围内。

（三）光照调节

保证植物有充足的光照时间和强度，以促进植物的光合作用，为共生系统提供足够的能量和物质基础。在设施农业中，可通过补光灯等设备补充光照。

五、基因调控

随着生物技术的快速发展，基因工程手段也被广泛应用于根系共生系统的调控研究中。通过转基因技术可以将特定的功能基因导入植物或微生物体内，使其获得新的性状或功能。例如，将固氮基因导入非豆科植物中可以使这些植物具备固氮能力；将抗病基因导入微生物中可以提高其抗病性和适应性。这些基因工程手段的应用为根系共生系统的调控提供了新的思路和方法。

第七节　根瘤菌与豆科作物共生系统的作用机制

一、识别与侵染机制

（一）信号识别

豆科作物根系会分泌一些特定的信号分子，如类黄酮物质。根瘤菌能够感知这些信号分子，从而确定其附近有可与之共生的豆科作物宿主。同时，根瘤菌也会产生相应的信号分子，称为结瘤因子，被豆科作物根部细胞表面的受体所识别，以此启动共生过程。

（二）侵染过程

在相互识别后，根瘤菌聚集在豆科作物根毛的周围，并大量繁殖，同时产生分泌物刺激根毛，使根毛先端卷曲和膨胀。接着，在根瘤菌分泌的纤维素酶等物质的作用下，根毛细胞壁发生内陷溶解，根瘤菌由此侵入根毛。进入根毛的根瘤菌分裂滋生，聚集成带，外面被一层黏液所包，形成感染丝。感染丝不断向根的中轴延伸，在延伸过程中，根细胞会分泌纤维素包围于感染丝之外，形成具有纤维素鞘的内生管，即侵入线。根瘤菌顺着侵入线进入幼根的皮层。

二、根瘤形成与发育机制

（一）根瘤原基形成

当根瘤菌到达皮层后，会诱导皮层细胞迅速分裂，产生大量新细胞，致使皮层出现局部的膨大，形成根瘤原基。

（二）根瘤成熟

随着细胞的持续分裂和分化，根瘤原基逐渐发育为成熟的根瘤。根瘤的外层是一层薄壁细胞，具有保护作用；内部则是含有根瘤菌的薄壁细胞，这些细胞的细胞核和细胞质逐渐被根瘤菌破坏而消失，根瘤菌相应地转为拟菌体，具备固氮能力。

三、物质与能量交换机制

（一）根瘤菌获取营养

在根瘤内，根瘤菌从豆科作物根的皮层细胞中吸取碳水化合物、矿物质盐类及水分，以满足自身生长和繁殖的需求。

（二）植物获得氮素

根瘤菌则利用植物提供的营养物质，将空气中游离的氮通过固氮作用固定下来，转变为植物所能利用的含氮化合物，如氨，供植物吸收利用。

（三）能量供应

豆科作物通过光合作用制造有机物，将其以蔗糖等形式运输到根瘤中，为根瘤菌提供能量。这些有机物在根瘤中经糖酵解等代谢途径产生磷酸烯醇式丙酮酸，磷酸烯醇式丙酮酸可进一步转化为苹果酸盐，为细菌的大气固氮提供燃料，或者转化为丙酮酸盐，在线粒体中生产三磷酸腺苷（ATP），用于氮同化和其他细胞活动。

四、固氮及氮代谢机制

（一）固氮反应

根瘤菌中的固氮酶是实现固氮作用的关键酶，它在固氮过程中起着催化作用，能够将空气中的氮气转化为氨。但固氮酶对氧气敏感，需要在低氧环境下才能正常发挥作用。而根瘤内部为根瘤菌提供了这样一个低氧的微环境，以保障固氮酶的活性。

（二）氮的同化与转运

根瘤菌固定的氮以氨的形式被释放出来后，会立即被植物细胞同化，转化为氨基酸、酰胺等有机氮化合物。这些有机氮化合物可以在植物体内运输和分配，用于合成蛋白质、核酸等含氮生物大分子，满足植物生长发育对氮素的需求。

第八节　丛枝菌根共生系统的作用机制

一、侵染与定殖机制

（一）识别与接触

丛枝菌根真菌的孢子在土壤中萌发后，会受到植物根系分泌的信号物质吸引，向根部靠近。这些信号物质包括类黄酮、酚类化合物等，它们作为化学信号，帮助真菌识别合适的宿主植物。

（二）侵染过程

当真菌菌丝接触植物根系表面后，会通过多种方式侵入根系。一些菌丝可以沿着根表面生长，寻找合适的入侵位点，如根毛或表皮细胞间隙；另一些菌丝则能产生水解酶，分解植物细胞壁成分，从而直接侵入细胞。进入根系后，真菌会在皮层细胞间或细胞内定殖和生长。

二、物质交换机制

（一）碳源供应

植物通过光合作用合成碳水化合物，其中一部分以葡萄糖、蔗糖等形式被运输到根部，然后通过特定的转运蛋白分泌到细胞外，供丛枝菌根真菌吸收利用。这些碳源是真菌生长和代谢的能量来源。

（二）养分吸收与传递

丛枝菌根真菌的菌丝具有强大的吸收能力，能够从土壤中摄取植物难以获取的养分，尤其是磷元素。菌丝可以延伸到根系周围较远的区域，扩大了植物根系的吸收范围，提高了对土壤中磷、氮、钾等养分的吸收效率。吸收到的养分通过菌丝内部的运输系统，传递到与植物根系细胞形成的丛枝结构或其他共生界面，再由植物细胞通过特定的转运蛋白将养分吸收到体内。

（三）其他物质交换

除了碳源和养分，丛枝菌根共生体系中还存在着其他物质的交换。例如，真菌可能会向植物提供一些有机化合物，如氨基酸、维生素等，这些物质对植物的生长和发育具有促进作用；同时，植物也可能向真菌提供一些生长因子或信号分子，调节真菌的生长和共生功能。

三、发育调控机制

（一）植物对真菌发育的调控

植物通过自身的信号转导途径和基因表达调控，影响丛枝菌根真菌的侵染和发育过程。例如，一些植物基因的表达产物可以识别真菌的信号分子，启动共生信号通路，促进真菌在根系内的定殖和丛枝结构的形成；同时，植物也能通过调节自身的防御反应，避免对共生真菌产生过度的免疫反应，以维持共生关系的稳定。

（二）真菌对植物发育的影响

丛枝菌根真菌在侵染植物根系后，会分泌一些信号分子和效应蛋白，这些物质可以调节植物的生长发育。例如，真菌分泌的信号分子可以影响植物根系的形态和结构，促进侧根和根毛的生长，增加根系的吸收面积；同时，真菌还能调节植物激素的水平和信号转导，从而影响植物的地上部分生长、开花结果等过程。

四、生态效益机制

（一）增强植物抗逆性

丛枝菌根共生体系可以提高植物对多种环境条件的耐受性。在干旱胁迫下，真菌菌丝可以帮助植物吸收更多的水分，调节植物的渗透势，增强植物的抗旱能力；在盐碱胁迫下，真菌能够改善植物体内的离子平衡，减轻盐分对植物的伤害；此外，共生体系还能增强植物对病虫害的抵抗力，通过诱导植物产生防御相关的酶和化合物，提高植物的免疫能力。

（二）改良土壤结构

丛枝菌根真菌的菌丝在土壤中生长和蔓延，能够将土壤颗粒黏结在一起，形成稳定的团聚体，改善土壤的物理结构。这不仅增加了土壤的透气性和保水性，有利于植物根系的生长和呼吸，还能促进土壤中微生物的活动，提高土壤的肥力和养分循环效率。

（三）促进植物群落的稳定性和多样性

由于丛枝菌根真菌与寄主植物的专一性不强，一种菌根真菌能够同时与多种植物建立共生关系，因此，菌丝成了连接不同植株之间的桥梁，称为菌丝桥。通过菌丝桥，植物之间可以进行养分和信息的交换与共享，促进植物群落的整体生长和发展，增强植物群落的稳定性和对环境变化的适应能力。同时，这种共生关系也有利于维持生态系统的生物多样性，不同植物通过与丛枝菌根真菌的共生，在资源利用上更加充分和高效，减少了种间竞争，使更多的植物种类能够在同一生态环境中生存和繁衍。

第九节　根系共生系统在农业生产中的应用

一、提高作物养分的吸收和利用效率

通过改良作物的根系遗传特性，使其更加适应酸性土壤等不良环境，从而提高作物对养分的吸收和利用效率。同时，接种高效根瘤菌剂可以与豆科作物形成共生关系，固定空气中的氮气，为作物提供清洁的氮源，减少化肥的使用，降低生产成本。

二、增强作物抗逆性

根系共生系统能够提高植物对干旱、盐碱、重金属等非生物胁迫的耐受性，同时也能增强植物对病虫害的抵抗能力。这对于保障农业生产的稳定性和可持续性具有重要意义。

三、改善土壤结构

丛枝菌根真菌等微生物与植物根系形成的共生体系，能够改善土壤结构，提高土壤的通气性和保水性。这有助于提升土壤质量，为作物生长创造更好的环境条件。

四、促进养分循环

根系共生系统中的微生物在分解有机物质、释放养分方面发挥着重要作用。它们能够将土壤中的有机磷转化为无机磷，供植物吸收利用，从而促进土壤养分的循环和转化。

五、推动生态农业发展

通过应用根系共生系统，可以减少化肥和农药的使用量，降低农业生产对环境的污染。同时，该系统还有助于提升土壤健康水平，促进生态系统的平衡和稳定。这与当前倡导的"产出高效、产品安全、资源节约、环境友好"的生态农业发展理念相契合。

六、间作套种模式的应用

在农业生产中，还可以采用间作套种模式发挥根系共生系统的优势。例如，将豆科作物与禾本科作物间作混播，不仅可以解决根瘤菌因地里氮肥过多造成不结瘤、不固氮的问题，还能实现豆、禾互惠共同高产。这种模式有助于提高土地利用率和作物产量。

应用篇

第八章

粮食作物根系生长问题及培育

第一节 水稻根系生长问题及培育

一、根系生长问题

（一）根系不发达

1. 表现

水稻根系短小、纤细，分支少，根的数量和长度都明显不足，扎根浅，整体根系活力较低，对水分和养分的吸收能力有限，导致水稻生长缓慢，植株矮小，分蘖少，叶片发黄。

2. 原因

主要是土壤肥力差，缺乏氮、磷、钾等主要养分以及锌、铁等微量元素；土壤质地黏重，通气性和透水性不良，根系生长受限；育秧时播种过密，幼苗之间竞争养分、水分和空间，导致根系发育不良。

（二）根系缺氧

1. 表现

根系颜色发暗，甚至变黑，根系活力下降，新根生长缓慢或停止，部分根系出现腐烂现象，严重影响水稻对养分的吸收和运输，导致水稻生长受阻，叶片出现早衰，穗粒数减少，结实率降低。

2. 原因

主要是稻田长期积水，土壤通气性差，氧气供应不足；或者是土壤过于黏重，板结严重，孔隙度小，空气难以进入土壤。

（三）根系病虫害

1. 表现

根系受到病菌侵染或害虫侵害后，会出现变色、腐烂、畸形等症状。如受到根结线虫侵害时，根系会形成许多大小不一的根结，影响根系的正常功能；感染了水稻纹枯病，根系表面会出现褐色病斑，严重时根系腐烂，导致水稻整株枯萎。

2. 原因

连作导致土壤中病原菌和害虫数量积累增加；稻田灌溉用水不清洁，携带病菌和害虫；种植密度过大，田间通风透光条件差，湿度增加，有利于病虫害的滋生和传播。

二、培育措施

（一）改善土壤条件

1. 合理施肥

根据水稻生长阶段和土壤肥力状况，科学配方施肥，增施有机肥和生物肥，提高土壤肥力和养分供应能力。有机肥如腐熟的农家肥，含有丰富的有机质和各种养分，能改善土壤结构，增加土壤通气性和保水性，促进根系发育。同时，配合施用适量的化肥，如氮、磷、钾复合肥，满足水稻生长对各种养分的需求。

2. 改良土壤质地

对于质地黏重的土壤，可通过掺沙、深耕等措施改善土壤通气性和透水性。一般在秋季水稻收割后，进行深耕晒垡，打破犁底层，增加土壤孔隙度，提高土壤通气性和透水性，为根系生长创造良好的土壤环境。

（二）加强水分管理

1. 合理灌溉

遵循"浅-湿-干"的灌溉原则，即浅水插秧，深水返青，浅水分蘖，晒田控蘖，干湿交替灌溉。在水稻生长前期，保持浅水层，有利于提高水温、地温，促进根系生长；在分蘖后期，适时晒田，控制无效分蘖，促进根系下扎，增强根系活力；在水稻生长后期，干湿交替灌溉，保持土壤适度湿润，防止根系早衰。

2. 防止积水

及时清理稻田排水系统，保证排水畅通，避免稻田长期积水。在雨季或暴雨后，要及时排水，降低田间水位，增加土壤通气性，防止根系缺氧。

（三）病虫害防治

1. 农业防治

实行轮作制度，避免连作，减少病原菌和害虫的积累；合理密植，改善田间通风透光条件，降低田间湿度，减轻病虫害的发生；及时清除田间病残株，减少病原菌和害虫的滋生场所。

2. 生物防治

利用有益微生物和害虫的天敌防治病虫害。例如，在稻田中放养鸭子，鸭子可以捕食害虫，同时其粪便还可以作为肥料；利用球孢白僵菌、绿僵菌等微生物防治水稻害虫，这些微生物可以寄生在害虫体内，使其致病死亡。

3. 化学防治

在病害发生初期，及时选用高效、低毒、低残留的农药进行防治。例如，防治根结线虫可选用阿维菌素、噻唑膦等药剂；防治水稻纹枯病可选用井冈霉素、己唑醇等药剂。使用农药时，要严格按照说明书的要求进行稀释和喷雾，注意安全间隔期，避免农药残留对环境和人体造成危害。

（四）选择优良品种

选用根系发达、抗逆性强的水稻品种，这些品种在适应不良环境条件方面具有优势，能够在一定程度上减轻根系生长问题的发生。同时，要注意品种的适应性，根据当地的气候、土壤等条件选择合适的品种。

第二节　小麦根系生长问题及培育

一、根系生长问题

（一）根系发育不良

1. 表现

小麦根系细弱、短小，分支少，根毛稀疏，整体根系不发达。这会导致小麦对水分和养分的吸收能力不足，植株生长缓慢，矮小瘦弱，分蘖减少，抗逆性下降。

2. 原因

主要是土壤肥力不足，缺乏氮、磷、钾等主要养分以及锌、铁等微量元素；土壤质地问题，如过于黏重或沙化，影响根系的伸展和扎根；播种过深或过浅，不利于根系的正常生长和发育；气候条件不佳，如温度过低或过高，干旱或湿度过大等。

（二）根系早衰

1. 表现

在小麦生长后期，根系活力过早下降，根系颜色变深，出现干枯、腐烂现象，吸收养分和水分的能力大幅减弱。这会使小麦出现叶片发黄、干枯，籽粒灌浆不足，千粒重降低，最终导致产量和品质下降。

2. 原因

主要包括土壤肥力后期供应不足，尤其是缺乏钾肥和微量元素；长期连续种植小麦，土壤中病原菌和有害物质积累增加；后期田间管理不当，如浇水过多或过少，病虫害防治不及时等；气候因素，如高温干旱或阴雨连绵等，加速根系衰老。

（三）根系病虫害

1. 表现

小麦根系受到病菌侵染或害虫侵害后，会出现多种症状。例如，根腐病会导致根系腐烂，颜色变为褐色或黑色，严重时根系组织坏死，植株枯萎死亡；全蚀病会使根系变黑，基部茎节也变黑腐烂，小麦生长受阻，成穗率降低；地下害虫如蛴螬、金针虫等会咬食根系，造成根系残缺不全，影响根系的正常功能，导致小麦生长不良。

2. 原因

连作使土壤中病原菌和害虫基数增加，容易引发病虫害；种子未经消毒处理，携带病菌和虫卵；田间管理不善，如施肥不合理，偏施氮肥，导致小麦生长过旺，抗病虫害能力下降；土壤湿度和温度条件适宜病虫害的滋生和传播。

二、培育措施

（一）土壤管理

1. 合理施肥

根据小麦生长需求，科学合理施肥。基肥要施足有机肥和复合肥，有机肥如腐熟的农家肥或商品有机肥，能改善土壤结构，增加土壤肥力和保水性，为根系生长提供良好的环境。同时，要根据小麦不同生长阶段，适时追施氮肥、磷肥、钾肥和微量元素肥料。例如，在小麦起身期至拔节期，适量追施氮肥，促进麦苗生长和根系发育；在孕穗期至灌浆期，增施钾肥和硼、锌等微量元素肥料，可增强根系活力，提高小麦的抗逆性和结实率。

2. 改良土壤质地

对于过于黏重的土壤，可以通过掺沙、深耕、增施有机肥等方法改善土壤通气性和透水性，使根系能够更好地伸展和扎根。对于沙化土壤，可通过增施有机肥、种植绿肥作物进行翻压等措施，增加土壤的有机质含量，提高土壤的保水保肥能力。

3. 轮作倒茬

避免连作，实行轮作制度，如小麦与玉米、豆类、油菜等作物轮作，可减少土壤中病原菌和害虫的积累，改善土壤理化性质，有利于小麦根系的健康生长。

（二）播种管理

1. 控制播种深度

一般小麦的播种深度以3～5厘米为宜，过深会使麦苗出土困难，根系生长受抑制，过浅则麦苗易受干旱和冻害影响，根系扎不深。

2. 提高播种质量

保证播种均匀，避免重播或漏播，使麦苗分布均匀，个体生长空间合理，有利于根系的均衡发展。同时，选用饱满、无病虫害的优良种子，并进行种子处理，如药剂拌种，可防治地下害虫和苗期病害，促进根系健康生长。

（三）田间水分管理

1. 合理灌溉

根据小麦生长阶段和土壤墒情，合理安排灌溉。在小麦播种后，如土壤墒情不足，要及时浇足底水，以利于种子萌发和根系生长。在小麦生长期间，遵循"冬水要早，春水要巧"的原则，即冬季适时浇好越冬水，可提高土壤的保温能力，保护根系免受冻害；春季根据天气和土壤墒情，灵活掌握浇水时间和浇水量，避免田间积水，保持土壤适度湿润，以维持根系的正常生理功能。

2. 排水防涝

在雨季或降水较多的地区，要及时清理田间沟渠，确保排水畅通，防止田间积水，以免造成根系缺氧，导致根系腐烂和早衰。

（四）病虫害防治

1. 农业防治

选用抗病虫害能力强的小麦品种，如抗根腐病、全蚀病的品种；合理密植，改善田间通风透光条件，增强小麦的抗病虫害能力；及时清除田间杂草和病残株，减少病原菌和害虫的滋生场所和传播源。

2. 生物防治

利用有益微生物防治小麦根系病虫害，例如，利用木霉菌防治根腐病、利用球孢白僵菌防治地下害虫等。同时，可通过在田间释放害虫的天敌，如瓢虫、草蛉等，控制地下害虫的数量。

3. 化学防治

在病虫害发生初期，及时选用高效、低毒、低残留的农药进行防治。对于根腐病，可选用多菌灵、甲基托布津等药剂进行喷雾或灌根；对于全蚀病，可选用三唑酮、氟环唑等药剂；对于地下害虫，可选用辛硫磷、毒死蜱等药剂进行土壤处理或灌根。使用农药时，要严格按照说明书的要求进行操作，注意安全间隔期，避免农药残留对环境和人体造成危害。

（五）其他措施

1. 中耕除草

在小麦生长期间适时进行中耕除草，不仅可以清除杂草，减少杂草与小麦争夺养分、水分和阳光，还可以疏松土壤，增加土壤通气性，促进根系的生长和发育。一般在小麦返青期至起身期进行第一次中耕，在拔节期至孕穗期进行第二次中耕。

2. 适时镇压

在小麦播种后或越冬前，适时进行镇压，可压实土壤，使种子与土壤紧密接触，有利于种子萌发和根系生长。在冬季镇压还可提高土壤的保温能力，保护根系。但镇压要注意适度，避免过度镇压造成土壤板结，影响根系生长。

第三节　玉米根系生长问题及培育

一、根系生长问题

（一）根系发育不全

1. 表现

玉米根系短小、纤细，根的数量少，侧根和根毛不发达，整体根系系统较为薄弱。这会导致玉米吸收水分和养分的能力受限，植株生长缓慢，矮小瘦弱，叶片发黄，抗逆性降低，容易受到病虫害的侵袭和环境变化的影响。

2. 原因

主要是土壤肥力不足，缺乏氮、磷、钾等主要营养元素及锌、铁等微量元素，影响根系细胞的分裂和伸长；土壤质地不良，如过于黏重或沙化，阻碍根系的伸展和扎根；播种质量差，种子受损或播种过深、过浅，不利于根系的正常生长。

（二）根系倒伏

1. 表现

玉米根系在生长过程中，由于扎根不牢，在风、雨等外力作用下，发生倒伏现象，使玉米植株倾斜或倒地。这不仅会影响玉米的光合作用和养分吸收，还会导致玉米减产，严重时甚至绝收。

2. 原因

种植密度过大，植株之间竞争养分、水分和空间，导致根系生长不良，根系分布浅且细，支撑力不足；施肥不当，偏施氮肥，导致玉米茎秆细弱，根系不发达，抗倒伏能力下降；土壤耕层浅，根系无法深入土层，稳固性差；恶劣的天气条件，如强风、暴雨等，也是导致根系倒伏的重要原因之一。

（三）根系病虫害

1. 表现

玉米根系受到病菌或害虫的侵害后，会出现各种症状。例如，根腐病会使根系腐烂，颜色变为褐色或黑色，根系组织坏死，导致玉米植株生长受阻，叶片发黄、枯萎；玉米根结线虫病会在根系上形成许多大小不一的根结，使根系肿大畸形，影响根系的正常功能，导致玉米生长不良，矮小发黄，甚至死亡；地下害虫如蛴螬、金针虫等会咬食根系，造成根系残缺不全，使玉米植株出现萎蔫、枯黄等现象。

2. 原因

连作导致土壤中病原菌和害虫数量增加，容易引发病虫害；种子未经消毒处理，携带病菌和虫卵；田间管理不善，如施肥不合理，土壤湿度过大或过小，都有利于病虫害的滋生和传播。

二、培育措施

（一）土壤改良与施肥

1. 改良土壤质地

对于过于黏重的土壤，可通过掺沙、深耕等方式改善土壤通气性和透水性，使根系能够更好地伸展和扎根。一般在秋季进行深耕，深度在25厘米以上，打破犁底层，增加土壤孔隙度。对于沙化土壤，可通过增施有机肥、种植绿肥作物等方法，增加土壤有机质含量，提高土壤的保水保肥能力。

2. 合理施肥

根据玉米生长阶段和土壤肥力状况，科学合理施肥。基肥应以有机肥为主，如腐熟的农家肥或商品有机肥，配合适量的化肥，如氮、磷、钾复合肥，为根系生长提供全面的营养。在玉米生长的关键时期，如拔节期、大喇叭口期等，要适时追肥，重点追施氮肥和钾肥，满足玉米生长对养分的需求，促进根系发育。

（二）播种与种植密度管理

1. 提高播种质量

选择饱满、无病虫害的优良种子，并进行种子处理，如药剂拌种，可防治地下害虫和苗期病害，为根系健康生长奠定基础。同时，要控制好播种深度，一般以3～5厘米为宜，确保种子能够顺利萌发和根系正常生长。

2. 合理密植

根据玉米品种的特性和土壤肥力状况，合理确定种植密度。一般紧凑型品种可适当密植，平展型品种要适当稀植，避免种植密度过大导致根系生长不良和植株倒伏。

（三）田间水分管理

1. 合理灌溉

玉米生长期间需要充足的水分，但也要避免田间积水。在播种前，要保证土壤有足够的墒情，以利于种子萌发和根系生长。在玉米生长的关键时期，如拔节期、抽雄期等，如遇干旱天气，要及时浇水，保持土壤湿润；在雨季或降水较多时，要及时清理田间排水系统，确保排水畅通，防止根系因积水而缺氧腐烂。

2. 防涝与蹲苗

玉米苗期可适当进行蹲苗，即控制浇水，促进根系下扎，增强根系的吸收能力和抗倒伏能力。同时，要注意防范洪涝灾害，及时排水，避免根系长时间浸泡在水中。

（四）病虫害防治

1. 农业防治

实行轮作制度，避免玉米连作，减少土壤中病原菌和害虫的积累。及时清除田间杂草和病残株，减少病虫害的滋生和传播场所。加强田间管理，合理施肥、浇水，增强玉米的抗病虫害能力。

2. 生物防治

利用有益微生物防治玉米根系病虫害，例如，利用木霉菌防治根腐病、利用球孢白僵菌防治地下害虫等。也可通过释放害虫的天敌，如瓢虫、草蛉等，控制地下害虫的数量。

3. 化学防治

在病虫害发生初期，及时选用高效、低毒、低残留的农药进行防治。对于根腐病，可选用多菌灵、甲基托布津等药剂进行灌根；对于根结线虫病，可选用阿维菌素、噻唑膦等药剂；对于地下害虫，可选用辛硫磷、毒死蜱等药剂进行土壤处理或灌根。使用农药时，要严格按照说明书的要求进行操作，注意安全间隔期，避免农药残留对环境和人体造成危害。

（五）植株支撑与防风措施

1. 中耕培土

在玉米生长期间适时进行中耕培土，可增加根系周围的土壤覆盖，增强根系的稳固性，提高玉米的抗倒伏能力。一般在玉米拔节期和大喇叭口期进行中耕培土，培土高度以5~10厘米为宜。

2. 设置防风带

在多风地区，可在玉米田周围设置防风带，如种植树木或设置防风网，以减轻强风对玉米植株和根系的危害，降低倒伏的风险。

第四节　大豆根系生长问题及培育

一、根系生长问题

（一）根系不发达

1. 表现

根系短小、细弱，侧根和根毛数量少，根系分布范围窄且浅，整体根系系统不够庞大和健壮。这会导致大豆对水分和养分的吸收能力不足，植株生长缓慢，矮小瘦弱，叶片发黄，开花结果减少，抗逆性下降。

2. 原因

土壤肥力差，缺乏氮、磷、钾等大量元素以及铁、锌、硼等微量元素，无法满足根系生长的营养需求；土壤质地不适宜，如过于黏重或沙化，会限制根系的伸展和发育；播种过深或过浅，影响种子萌发和根系正常生长；此外，品种特性也可能导致根系天生不够发达。

（二）根系腐烂

1. 表现

根系部分或全部变黑、变软，出现水渍状腐烂，严重时根系组织坏死，导致植株生长受阻，叶片发黄、萎蔫，甚至整株死亡。

2. 原因

主要是由根部病害引起，如大豆根腐病，该病由多种病原菌引起，包括镰刀菌、腐霉菌和立枯丝核菌等。连作使土壤中病原菌积累增加；土壤排水不良，湿度过高，透气性差，有利于病原菌滋生和传播；施肥不当，偏施氮肥，导致植株徒长，根系发育不良，抗病能力下降。

（三）根系固氮能力弱

1. 表现

大豆根瘤数量少、体积小，颜色较淡，固氮酶活性低，表现为植株缺乏氮素营养，叶片淡绿色至黄绿色，生长缓慢，开花结荚少，产量降低。

2. 原因

土壤中缺乏钼、铁等微量元素，影响根瘤菌的侵染和固氮酶的活性；根瘤菌接种效果差，如使用的根瘤菌剂质量不佳或接种方法不当；土壤肥力过高，尤其是氮肥过多，抑制根瘤菌的生长和固氮作用。

（四）根系受虫害

1. 表现

根系被害虫咬食，出现孔洞、缺刻，甚至根系被截断，影响根系的正常功能，导致大豆植株生长不良，叶片发黄、干枯，分枝减少，产量和品质下降。

2. 原因

常见的地下害虫如蛴螬、金针虫、蝼蛄等在土壤中活动，以大豆根系为食。连作使地下害虫数量增多；土壤未进行深耕或消毒，害虫虫卵和幼虫在土壤中存活和繁殖；田间杂草丛生，为害虫提供了栖息和繁殖场所。

二、培育措施

（一）土壤管理

1. 合理施肥

重视基肥，施足有机肥，如腐熟的农家肥或商品有机肥，可改善土壤结构，提高土壤肥力和保水性。根据大豆生长阶段，适时追肥，在开花期和结荚期增施磷肥、钾肥和微量元素肥料，如硼肥、钼肥等，促进根系发育和根瘤形成。

2. 改良土壤质地

对于黏重土壤，可通过掺沙、深耕、增施有机肥等措施改善透气性和透水性。沙化土壤则可通过增施有机肥、种植绿肥作物并翻压等方式增加有机质含量，增强土壤保肥能力。

3. 轮作换茬

避免连作，实行轮作制度，可与玉米、小麦等作物轮作，减少土壤中病原菌和害虫的积累，改善土壤理化性质，有利于根系健康生长。

（二）播种管理

1. 精选种子

选择根系发达、抗逆性强的优良品种，并确保种子质量，剔除病粒、瘪粒和破损粒，保证种子饱满、健康。

2. 控制播种深度

一般大豆播种深度以3～5厘米为宜，确保种子顺利萌发和根系正常生长，避免播种过深导致出苗困难或过浅使种子易受干旱和病虫害影响。

3. 种子处理

播种前对种子进行处理，如药剂拌种，可选用杀菌剂防治根部病害，选用杀虫剂防治地下害虫，同时可添加钼酸铵等微量元素肥料，促进根瘤菌的侵染和固氮作用。

（三）田间水分管理

1. 合理灌溉

根据大豆生长需要和土壤墒情合理浇水，保持土壤适度湿润，避免干旱导致根系生长受阻，但也要防止田间积水，以免造成根系缺氧腐烂。在大豆开花期和鼓粒期，需水量较大，要确保充足的水分供应。

2. 排水防涝

及时清理田间沟渠，保证排水畅通，尤其是在雨季或降水较多地区，防止田间积水引发根系腐烂和病害。

（四）病虫害防治

1. 农业防治

选用抗病虫害的大豆品种，合理密植，改善田间通风透光条件，增强大豆的抗病虫害能力。及时清除田间杂草，减少害虫栖息地和病原菌滋生地。

2. 生物防治

利用有益微生物防治根部病害，如木霉菌可抑制根腐病病原菌的生长。通过释放害虫天敌，如瓢虫、草蛉等，控制地下害虫数量。

3. 化学防治

对于根部病害，可在发病初期选用多菌灵、甲基托布津等药剂灌根；对于地下害虫，可选用辛硫磷、毒死蜱等药剂进行土壤处理或灌根。使用农药时要严格按照说明书要求操作，注意安全间隔期。

（五）根瘤菌接种与管理

1. 正确接种

选用优质的根瘤菌剂，按照正确的接种方法进行操作，如拌种法或土壤接种法，确保根瘤菌与大豆种子充分接触，提高接种效果。

2. 合理施肥配合

接种根瘤菌后，要合理控制氮肥施用量，避免氮肥过多抑制根瘤菌的活性，同时要保证土壤中有足够的磷、钾及微量元素，以促进根瘤菌的生长和固氮作用。

第九章

果树根系生长问题及培育

第一节　蓝莓根系生长问题及培育

一、根系生长问题

（一）根系浅且不发达

1. 表现

蓝莓根系分布较浅，一般集中在土壤表层20～30厘米，并且根系纤细、分支较少。如果根系过于浅弱，在遇到干旱、大风等不良环境时，植株容易倒伏，对水分和养分的吸收能力也相对较弱，导致蓝莓生长缓慢、植株矮小、果实产量低、品质差。

2. 原因

蓝莓原产于森林地带，适应了疏松、透气、富含有机质的酸性土壤环境。当土壤质地黏重、板结时，根系难以伸展和穿透，从而限制了根系的生长和发育；此外，种植蓝莓时若没有进行土壤改良或改良不到位，也会导致根系生长不良。

（二）根系受土壤酸碱度影响

1. 表现

蓝莓适宜在pH值为4～5.5的酸性土壤中生长。当土壤pH值过高时，蓝莓根系会出现生长受阻、根系颜色变褐、根尖坏死等现象，严重影响根系对铁、锌、锰等微量元素的吸收，进而导致叶片黄化、生长衰弱，甚至整株死亡。

2. 原因

长期不合理施肥，如过量施用碱性肥料，或灌溉用水的酸碱度不适宜，会使土壤pH值逐渐升高，偏离蓝莓适宜的生长范围，从而对根系生长产生负面影响。

（三）根系受病虫害侵袭

1. 表现

蓝莓根系可能受到多种病虫害的侵害。例如，根腐病会导致根系腐烂，部分根系皮层脱落，木质部变色，地上部分表现为叶片萎蔫、发黄，植株生长衰弱；蓝莓根结线虫病会使根系形成许多大小不一的根结，根系肿大畸形，严重影响根系的正常功能，导致蓝莓生长不良，产量和品质下降。

2. 原因

蓝莓根腐病主要由病原菌如尖孢镰刀菌、疫霉菌等引起，在土壤湿度大、排水不良的情况下容易发病。根结线虫病是由根结线虫寄生在根系上引起的，连作、土壤未消毒等情况容易导致线虫数量增加，引发病害。

（四）根系冻伤

1. 表现

蓝莓根系没有自然休眠期，在低温环境下容易遭受冻害。根系冻伤后，颜色变褐，活力下降，吸收能力减弱，地上部分表现为枝条干枯、叶片脱落，严重时整株死亡。

2. 原因

蓝莓一般种植在北方寒冷地区或高海拔地区，如果冬季防寒措施不当，如没有进行适当的覆盖或土壤保温处理，根系容易受到冻害。

二、培育措施

（一）土壤改良

1. 选择适宜的土壤

种植蓝莓前，应选择疏松、透气、排水良好、富含有机质的酸性土壤。如果土壤条件不理想，需进行土壤改良。

2. 调节土壤酸碱度

定期检测土壤pH值，当pH值过高时，可施用硫磺粉、硫酸亚铁等酸性肥料降低土壤pH值。一般每平方米施用硫磺粉10~150克，可在一定程度上降低土壤pH值。同时，避免长期使用碱性肥料和碱性灌溉水。

3. 增加土壤有机质

可通过施入腐熟的锯末、松针、泥炭藓等有机物料增加土壤有机质含量，改善土壤结构和透气性，为蓝莓根系提供良好的生长环境。

（二）合理施肥

1. 控施化肥

蓝莓对肥料需求较为特殊，应避免过量施用氮肥，以免造成蓝莓徒长和土壤板结。应以有机肥为主，配合适量的磷肥、钾肥和微量元素肥料。例如，在蓝莓生长季节，可每株施入腐熟的有机肥5～10千克，并适量追施硫酸钾复合肥0.1～0.2千克。

2. 补充微肥

根据蓝莓生长状况和土壤养分检测结果，适时补充铁、锌、锰等微量元素肥料。可采用叶面喷施或土壤施入的方式进行补充，以满足蓝莓根系对微量元素的需求。

（三）水分管理

1. 合理灌溉

蓝莓根系较浅，对水分要求较为敏感，既不能缺水也不能积水。应根据天气和土壤墒情，适时适量进行灌溉，保持土壤湿润但不过湿。一般在蓝莓生长季节，每周灌溉1～2次，每次灌溉量以湿透土壤20～30厘米为宜。

2. 排水防涝

蓝莓种植地应设置良好的排水系统，确保在雨季或浇水过多时，多余的水分能够及时排出，避免根系因积水而腐烂。

（四）病虫害防治

1. 农业防治

实行轮作制度，避免连作，减少病虫害的发生概率。及时清除果园内的病残株和杂草，保持果园清洁，降低病虫害滋生的环境条件。

2. 生物防治

利用有益微生物防治蓝莓根腐病，如哈茨木霉菌、绿色木霉菌等，可抑制病原菌的生长和繁殖。对于根结线虫病，可引入捕食线虫的真菌或细菌控制线虫数量。

3. 化学防治

在病虫害发生初期，可选用合适的农药进行防治。对于根腐病，可选用甲霜灵、噁霉灵等药剂进行灌根；对于根结线虫病，可选用阿维菌素、噻唑膦等药剂进行土壤处理。使用农药时，应严格按照说明书的要求进行操作，注意农药的安全使用和残留问题。

（五）防寒措施

1. 覆盖防寒

在北方寒冷地区，冬季来临前，可在蓝莓植株基部覆盖一层10～15厘米厚的稻草、树叶、锯末等覆盖物，以减少土壤热量的散失，保护根系免受冻害。

2. 土壤保温

可通过培土的方式，在蓝莓植株基部培起15～20厘米高的土堆，增加根系周围的土壤厚度，提高土壤的保温能力，减轻根系的冻害程度。

第二节　桃根系生长问题及培育

一、根系生长问题

（一）根系积水腐烂

1. 表现

根系颜色变褐、变黑，皮层腐烂，有异味，地上部分表现为叶片发黄、脱落，新梢生长缓慢或停止，严重时整株死亡。

2. 原因

桃树根系呼吸作用旺盛，需要疏松、透气性好的土壤。如果土壤排水不良，如地下水位过高、果园积水或土壤黏重，会导致根系缺氧，从而引发腐烂。

（二）根系生长受阻

1. 表现

根系短小、细弱，侧根和须根少，分布范围窄，根系活力低，对养分和水分的吸收能力不足，桃树生长缓慢，树体矮小，果实小且品质差。

2. 原因

土壤肥力差，缺乏桃树生长必需的氮、磷、钾等大量元素和铁、锌、硼等微量元素，会影响根系的正常生长和发育；土壤过于紧实、板结，如长期不合理耕作或过度使用化肥，会阻碍根系的伸展；另外，根癌病等根部病害也会导致根系生长受阻。

（三）根系受冻害

1. 表现

根系受冻后，颜色变深，皮层与木质部易分离，根系活力下降，吸收功能减弱，地上部分表现为枝条干枯、花芽受冻，影响开花、结果和产量。

2. 原因

桃树根系在低温环境下容易受冻，尤其是在北方寒冷地区或遭受极端低温时，如果没有采取有效的防寒措施，根系易遭受冻害。此外，秋季桃树生长过旺，树体养分积累不足，也会降低根系的抗冻能力。

（四）根系受虫害

1. 表现

根系被害虫咬食，出现伤口和缺刻，严重时根系被截断，导致根系功能受损，树体生长不良，叶片发黄、卷曲，果实脱落，产量减少。

2. 原因

常见的桃树根系害虫有蛴螬、金针虫、根结线虫等。果园土壤中害虫基数大，如连作果园或未进行土壤消毒，易导致害虫滋生；果园杂草丛生，为害虫提供了栖息和繁殖场所；不合理的施肥和灌溉，也可能影响害虫的生存环境，导致害虫增多。

二、培育措施

（一）土壤改良与管理

1. 改良排水条件

对于排水不良的果园，可通过挖排水沟、设置排水系统等方式降低地下水位，排除积水。在果园建设时，应选择地势较高、排水良好的地块种植桃树。

2. 深耕改土

定期对果园进行深耕，深度一般为20～30厘米，打破土壤板结层，增加土壤透气性，促进根系生长。同时，结合深耕施入有机肥，如腐熟的农家肥、堆肥等，改善土壤结构和肥力。

3. 调节土壤酸碱度

桃树适宜在中性至微酸性的土壤中生长。如果土壤过酸或过碱，可通过施用石灰或硫磺粉调节土壤酸碱度，使土壤pH值保持在6～7。

（二）合理施肥

1. 均衡施肥

根据桃树不同生长阶段的需求，合理施用氮、磷、钾等肥料。幼树期以氮肥为主，配合磷肥、钾肥，促进根系和树冠的生长；成年树在结果期要增加磷肥、钾肥的施用量，提高果实品质和产量。同时，要注意补充微量元素肥料，可通过叶面喷施或土壤施入的方式进行。

2. 增施有机肥

有机肥不仅能提供全面的营养，还能改善土壤结构，增加土壤保水性和透气性，有利于根系的生长和发育。一般每年每株桃树施入有机肥15～25千克。

（三）水分管理

1. 合理灌溉

桃树耐旱怕涝，但在生长关键期也需要充足的水分。应根据天气和土壤墒情，适时适量进行灌溉。一般在萌芽前、开花前、果实膨大期和封冻前需要进行灌溉，避免在果实成熟期大量浇水，以免造成裂果。

2. 排水防涝

及时清理果园内的沟渠，保证排水畅通，防止果园积水。在雨季来临前，要提前检查和清理排水系统，确保果园在雨季不受淹。

（四）病虫害防治

1. 农业防治

实行果园轮作，避免连作，减少病虫害的积累。及时清除果园内的病残株、杂草，集中烧毁或深埋，减少病虫害的滋生源。

2. 生物防治

利用有益生物防治桃树根系害虫，如释放捕食性昆虫、寄生性昆虫或使用微生物制剂。例如，释放肿腿蜂防治天牛，利用球孢白僵菌防治蛴螬等。

3. 化学防治

针对桃树根系害虫和根部病害，可选用合适的农药进行防治。对于蛴螬、金针虫等地下害虫，可在春季和秋季用辛硫磷乳油等进行土壤处理；对于根癌病，可在发病初期用K84生物菌剂或链霉素等进行灌根。使用农药时要严格按照说明书要求，注意安全间隔期。

(五)防寒措施

1. 根部培土

在北方寒冷地区，冬季来临前，可在桃树根部周围培土，高度一般在20～30厘米，以保护根系免受冻害。

2. 覆盖保温

可采用覆盖物如稻草、麦秸、地膜等对桃树根部进行覆盖，减少土壤热量的散失，提高根系周围的温度，起到防寒作用。

第三节 樱桃根系生长问题及培育

一、常见问题

(一)根系浅且易受环境影响

1. 表现

樱桃根系分布较浅，大部分根系集中在土壤表层20～40厘米。樱桃树在遇到大风、暴雨等恶劣天气时，容易倒伏；在干旱时，根系吸收水分困难，导致树体缺水，叶片发黄、干枯，果实变小、脱落等。

2. 原因

樱桃根系的这种特性与其自然生长习性有关，它原产于山区，长期适应了相对浅薄的土壤环境。同时，若在种植时没有对土壤进行深耕改良，也会加重根系浅的问题。

(二)土壤透气性差导致根系发育不良

1. 表现

根系生长缓慢，根量少，根系颜色发暗，甚至出现根系腐烂的现象。地上部分表现为树体衰弱，新梢生长量小，叶片小而薄，色泽淡绿，果实产量低、品质差。

2. 原因

樱桃根系对土壤透气性要求较高，如果土壤黏重、板结，或者浇水过多、排水不畅，会导致土壤中氧气含量不足，影响根系的呼吸作用，进而抑制根系的正常生长和发育。

（三）土壤肥力不足影响根系生长

1. 表现

根系细小、瘦弱，分支少，根系活力低，对养分和水分的吸收能力减弱。表现为树体生长迟缓，开花结果少，果实个头小、色泽和风味不佳。

2. 原因

土壤中缺乏氮、磷、钾等大量元素以及铁、锌、硼等微量元素，无法满足樱桃根系生长和发育的需求。此外，长期不施肥或施肥不合理，如过度施用化肥、忽视有机肥的施用，也会导致土壤肥力下降。

（四）根系受病虫害侵害

1. 表现

根癌病会导致根系和根颈出现大小不一的肿瘤，肿瘤表面粗糙，后期木质化，严重影响根系的正常功能，使树体生长不良，甚至死亡。根腐病会引起根系腐烂，皮层脱落，木质部变色，导致樱桃树叶片萎蔫、发黄，枝条干枯，最终整株死亡。

2. 原因

根癌病主要由根癌土壤杆菌引起，通过雨水、灌溉水、昆虫等传播，在土壤湿度大、透气性差的条件下容易发病。根腐病则是由多种病原菌如疫霉菌、镰刀菌等引起，在排水不良、土壤过湿或树体衰弱的情况下易感染。

（五）根系受冻害

1. 表现

根系受冻后，颜色变褐，组织变软，活力下降，严重时根系死亡。地上部分表现为枝条干枯、花芽受冻，开花、结果受到严重影响，甚至整株死亡。

2. 原因

樱桃树在冬季休眠期，如果遇到极端低温天气，并且没有采取有效的防寒措施，根系就容易遭受冻害。此外，樱桃根系一般在秋季停止生长较晚，如果秋季气温骤降，也可能导致根系受冻。

二、培育措施

（一）土壤改良

1. 深耕与改良土壤质地

在种植樱桃前，对土壤进行深耕，深度一般为30～40厘米，打破犁底层，增加土壤透气性和透水性。同时，结合深耕施入适量的有机肥料，如腐熟的农家肥、堆肥等，改善土壤结构，降低土壤黏重性。

2. 调节土壤酸碱度

樱桃适宜在中性至微酸性的土壤中生长，一般pH值以6～7.5为宜。如果土壤过酸，可施用石灰进行调节；如果土壤过碱，可施用硫磺粉或硫酸亚铁降低pH值。

（二）合理施肥

1. 平衡施肥

根据樱桃树的生长阶段和需肥规律，合理搭配氮、磷、钾等肥料。幼树期以氮肥为主，适量配合磷肥、钾肥，促进根系和树冠的生长；结果期要增加磷肥、钾肥的施用量，同时注意补充微量元素肥料，可通过叶面喷施或土壤施入的方式进行。

2. 增施有机肥

有机肥富含多种营养元素，能持续为樱桃根系提供养分，同时还能改善土壤结构，增加土壤的保肥保水能力和透气性。每年秋季可施入充分腐熟的有机肥，每株施用量根据树龄和树体大小而定，一般为15～30千克。

（三）水分管理

1. 合理灌溉

樱桃树既不耐旱也不耐涝，因此，要根据天气和土壤墒情合理灌溉。在春季萌芽前、开花前、果实膨大期等关键时期，要保证充足的水分供应；在果实成熟期，要适当控制浇水，避免因水分过多出现裂果。

2. 排水防涝

樱桃园要建立完善的排水系统，确保在雨季或浇水过多时，多余的水分能够及时排出去，防止果园积水，以免造成根系缺氧腐烂。

（四）病虫害防治

1. 农业防治

加强果园管理，保持果园清洁卫生，及时清除病残体和杂草，减少病虫害的滋生场所。避免在果园周围种植易感染根癌病的植物，如蔷薇科植物等。

2. 生物防治

利用有益微生物防治樱桃根系病虫害，例如，使用抗根癌菌剂防治根癌病、利用木霉菌防治根腐病等。同时，可通过释放捕食性和寄生性昆虫控制害虫数量。

3. 化学防治

在病虫害发生初期，可选用合适的化学药剂进行防治。对于根癌病，可在种植前用K84生物菌剂对苗木根系进行处理，或在发病初期用链霉素等抗生素进行灌根；对于根腐病，可选用甲霜灵、噁霉灵等药剂进行灌根。使用化学药剂时要严格按照说明书的要求进行操作，注意安全间隔期和农药残留问题。

（五）防寒措施

1. 根部培土

在冬季来临前，对樱桃树根部进行培土，厚度一般为20～30厘米，以保护根系免受冻害。培土要在土壤封冻前完成，并且要注意培土的质量，避免使用过于黏重的土壤。

2. 覆盖保温

可采用覆盖物如稻草、玉米秸、树叶等对樱桃树根颈和根系周围进行覆盖，覆盖厚度一般为10～15厘米，以减少土壤热量的散失，起到防寒保暖的作用。

第四节　柑橘根系生长问题及培育

一、常见问题

（一）根系积水缺氧

1. 表现

根系颜色变深，呈褐色或黑色，部分根系腐烂，有臭味。地上部分表现为叶片发黄、脱落，新梢生长缓慢或停止，严重时整株死亡。

2. 原因

柑橘根系好气性强，需要疏松、透气性好的土壤。如果果园排水不良，如地下水位过高、土壤黏重或长时间积水，会导致根系缺氧，呼吸作用受阻，从而引发根系腐烂。

（二）土壤肥力不足

1. 表现

根系生长瘦弱、细长，侧根和须根少，根系分布范围窄。地上部分表现为树体生长缓慢，叶片小而薄，颜色淡绿，开花结果少，果实小且品质差。

2. 原因

土壤中缺乏氮、磷、钾等大量元素以及铁、锌、硼等微量元素，不能满足柑橘根系生长和发育的需求。长期不施肥或施肥不合理，如过度依赖化肥、忽视有机肥的施用，会导致土壤肥力下降，影响根系生长

（三）根系受病虫害侵袭

1. 表现

根结线虫病会使根系形成许多大小不一的根瘤，根系肿大畸形，严重影响根系的正常功能，导致柑橘树生长不良，叶片发黄、卷曲，果实变小、脱落。根腐病会引起根系腐烂，皮层脱落，木质部变色，使柑橘树出现叶片萎蔫、干枯，枝条死亡，甚至整株死亡的现象。

2. 原因

根结线虫在土壤中生存和传播，通过根系侵入柑橘树体。根腐病主要由疫霉菌、镰刀菌等病原菌引起，在土壤湿度大、透气性差、树体衰弱的情况下容易发病。

（四）根系生长空间受限

1. 表现

根系在有限的空间内生长，伸展不开，导致根系分布不均匀，局部根系密度过大，营养竞争激烈，影响根系整体的生长和功能发挥。

2. 原因

柑橘种植时挖的穴或沟过浅、过小，没有为根系提供足够的生长空间；或者在果园长期浅耕，没有进行深耕改土，土壤深层未得到充分利用，根系无法向下伸展。

（五）根系受冻害

1. 表现

根系受冻后，颜色变褐，皮层与木质部易分离，根系活力下降，吸收功能减弱。地上部分表现为枝条干枯、花芽受冻，影响柑橘开花、结果和产量，严重时整株死亡。

2. 原因

柑橘是亚热带果树，对低温较为敏感。在冬季，当温度过低且持续时间较长时，根系容易遭受冻害。特别是在一些没有采取防寒措施的北缘产区或易出现极端低温的地区，冻害问题更为突出。

二、培育措施

（一）改善土壤条件

1. 加强排水与土壤改良

对于排水不良的果园，要深挖排水沟，降低地下水位，保证果园排水顺畅。同时，可通过增施有机肥、种植绿肥、进行土壤深耕等方式改良土壤结构，提高土壤透气性，如在果园中种植苜蓿、苕子等绿肥作物，待其生长到一定时期后进行翻压，增加土壤有机质含量。

2. 调节土壤酸碱度

柑橘适宜在pH值为5.5~7.5的土壤中生长。如果土壤过酸，可施用石灰进行调节；如果土壤过碱，可施用硫磺粉或硫酸亚铁降低pH值。

（二）合理施肥

1. 均衡施肥

根据柑橘不同生长阶段的需求，合理搭配氮、磷、钾等肥料。幼树期以氮肥为主，配合磷肥、钾肥，促进根系和树冠的生长；成年结果树要增加磷肥、钾肥的施用量，同时注意补充微量元素肥料，可通过叶面喷施或土壤施入的方式进行。

2. 增施有机肥

有机肥能提供全面的营养，还能改善土壤结构，增加土壤保水性和透气性，有利于根系生长。一般每年每株柑橘树施入有机肥15~25千克，可选择腐熟的农家肥、堆肥、饼肥等。

（三）病虫害防治

1. 农业防治

实行果园轮作，避免连作，减少病虫害的积累。及时清除果园内的病残株、杂草，集中烧毁或深埋，减少病虫害的滋生源。

2. 生物防治

利用有益生物防治柑橘根系病虫害，例如，释放捕食性线虫防治根结线虫、利用木霉菌防治根腐病等。

3. 化学防治

针对柑橘根系病虫害，可选用合适的农药进行防治。对于根结线虫病，可在春季和秋季用阿维菌素、噻唑膦等药剂进行土壤处理。对于根腐病，可在发病初期用甲霜灵、噁霉灵等药剂进行灌根。使用农药时要严格按照说明书要求，注意安全间隔期。

（四）合理规划种植空间

1. 深挖种植穴或沟

在种植柑橘时，要根据品种和苗木大小，深挖种植穴或沟，一般穴深和沟深为60~80厘米，宽度为80~100厘米，为根系提供充足的生长空间。

2. 定期深耕改土

每隔2~3年对果园进行1次深耕改土，深度为30~40厘米，引导根系向深层土壤生长，扩大根系的生长范围。

（五）冬季防寒保暖

1. 根部培土

在冬季来临前，对柑橘根部进行培土，高度一般为20~30厘米，以保护根系免受冻害。培土材料可选用疏松的土壤、稻草、麦秸等。

2. 覆盖保温

可采用覆盖物如地膜、稻草、树叶等对柑橘根颈和根系周围进行覆盖，减少土壤热量的散失，提高根系周围的温度，起到防寒作用。

3. 树干涂白

对树干进行涂白，可反射阳光，减少树干昼夜温差，避免树干受冻，同时也能防止病虫害。涂白剂可选用生石灰、硫磺粉、食盐等按一定比例配制而成。

第十章

蔬菜根系生长问题及培育

第一节　胡萝卜根系生长问题及培育

一、常见问题

（一）根系分叉

1. 表现

根系分叉会使胡萝卜的外观品质下降，商品价值降低。而且分叉的根系在生长过程中可能会相互挤压，影响养分和水分的吸收，导致胡萝卜生长缓慢，个头变小。

2. 原因

土壤条件是主要因素之一。如果土壤中有较多的石块、硬土块或者残根等障碍物，胡萝卜的主根在生长过程中受到阻碍，就会导致侧根生长，从而出现根系分叉的情况。例如，在一些未经精细整地的土壤中种植胡萝卜，很容易出现这种问题。

另外，使用了未充分腐熟的有机肥也会引起根系分叉。未腐熟的有机肥在土壤中会继续发酵，产生的热量和有害物质会影响胡萝卜根系的正常生长，使根系受到刺激而分叉。

（二）根系短小

1. 表现

根系短小会直接影响胡萝卜的产量。因为根系是吸收水分和养分的主要器官，短小的根系吸收能力有限，无法为地上部分提供足够的营养，使胡萝卜植株生长瘦弱，产量降低。

2. 原因

土壤肥力不足是关键因素。胡萝卜生长需要充足的养分，特别是钾、磷等元素。如果土壤中缺乏这些养分，根系的生长就会受到限制。例如，在贫瘠的砂质土壤中，如果没有及时施肥，胡萝卜根系很难长得粗壮。

土壤板结也会导致根系短小。板结的土壤通气性和透水性差，根系无法正常呼吸和吸收水分，生长就会受阻。这通常是由于过度耕作或者长期使用化肥，破坏了土壤结构导致的。

（三）根系腐烂

1. 表现

根系腐烂会严重影响胡萝卜的生长，甚至导致植株死亡。即使植株没有死亡，也会因为根系吸收功能受损而生长不良，叶片发黄、枯萎，胡萝卜的产量和品质都会大打折扣。

2. 原因

病害是导致根系腐烂的常见原因。例如，胡萝卜根腐病是由多种病原菌引起的，在高温、高湿的环境下，病原菌容易滋生并侵染胡萝卜根系。另外，土壤中的线虫也会危害胡萝卜根系，使根系出现伤口，进而引发腐烂。浇水过多也是一个重要因素。如果土壤长期处于积水状态，根系会因为缺氧而窒息，从而导致腐烂。特别是在雨季或者排水不良的地块，这种情况更容易发生。

二、培育措施

（一）改善土壤条件

1. 整地

在种植胡萝卜之前，要进行精细整地。清除土壤中的石块、残根等杂物，将土壤深耕细耙，使土壤疏松、细碎和平整。一般来说，深耕的深度应为20～30厘米，这样可以为胡萝卜根系生长创造良好的土壤环境。

2. 改良土壤质地

对于质地较差的土壤，可以进行改良。例如，在砂质土壤中可以添加适量的有机肥和黏土，增加土壤的保肥保水能力；在黏质土壤中可以加入适量的沙子和有机肥，改善土壤的通气性和透水性。同时，要确保使用的有机肥是充分腐熟的，这样可以避免因有机肥发酵而对根系造成伤害。

（二）合理施肥

1. 基肥

基肥应以有机肥为主，配合适量的化肥。例如，每平方米可以施用腐熟的有机肥10～15千克，再加入磷酸二铵0.3～0.5千克、硫酸钾0.2～0.3千克。有机肥可以改善土壤结构，提高土壤肥力，化肥可以为胡萝卜生长提供速效养分。

2. 追肥

在胡萝卜生长期间，要根据其生长阶段进行追肥。在幼苗期，可适量追施氮肥，促进叶片生长；在肉质根膨大期，要重点追施钾肥和磷肥，以促进根系生长。一般可以每隔10～15天追施1次稀薄的液肥，液肥浓度不宜过高，以免烧伤根系。

（三）科学浇水和排水

1. 浇水

胡萝卜生长初期，需水量较少，要保持土壤适度湿润，避免浇水过多。一般每周浇水1～2次即可。在肉质根膨大期，需水量增加，要适当增加浇水次数，但也要避免积水。每次浇水量以湿透土壤为宜，每平方米浇水量为10～15升。

2. 排水

在雨季或者地势较低的地块，要做好排水设施。可以在田间挖排水沟，沟深和沟宽根据实际情况而定，一般沟深30～50厘米，沟宽20～30厘米，确保田间积水能够及时排出，防止根系因积水而腐烂。

（四）病虫害防治

1. 病害防治

对于胡萝卜根腐病等病害，可以采用农业防治与化学防治相结合的方法。农业防治方面，要实行轮作制度，避免连作，减少病原菌的积累。化学防治方面，可以在发病初期，用多菌灵、甲基托布津等杀菌剂进行灌根，按照药剂说明书的浓度和方法使用，一般每隔7～10天灌根1次，连续灌根2～3次。

2. 虫害防治

对于线虫等害虫，可以使用阿维菌素等杀虫剂进行防治。在种植前，可以将土壤进行消毒处理，杀死土壤中的线虫卵。例如，用棉隆等土壤消毒剂，按照说明书的要求进行操作，能够有效减少线虫的危害。

第二节　番茄根系生长问题及培育

一、常见问题

（一）根系发育不良

1. 表现

根系发育不良会导致植株生长缓慢，叶片发黄、变小。由于根系吸收水分和养分的能力减弱，番茄的开花结果也会受到影响，果实数量减少、个头变小，严重时会导致植株早衰。

2. 原因

土壤温度不适宜是一个重要因素。番茄根系生长的适宜温度为 20～22 ℃。如果温度过低，如低于 13 ℃，根系的生理活动会受到抑制，生长缓慢；温度过高，如超过 32 ℃，根系容易老化，吸收功能下降。例如，在早春或晚秋种植时，由于气温较低，可能会影响根系发育。

土壤肥力差也会导致根系发育不良。番茄生长需要充足的氮、磷、钾等养分，特别是磷元素对根系发育至关重要。如果土壤中养分缺乏，根系无法获得足够的营养支持其生长和分支。

另外，土壤酸碱度不合适也会影响根系发育。番茄适宜在 pH 值为 6～7 的微酸性至中性土壤中生长。如果土壤过酸或过碱，会影响土壤中养分的有效性，进而阻碍根系的正常生长。

（二）根系腐烂

1. 表现

根系腐烂会使植株的吸收和运输功能丧失。初期表现为叶片萎蔫、发黄，随着病情加重，植株会逐渐死亡。即使病情较轻，也会导致果实发育不良，出现裂果、畸形果等现象，降低果实品质。

2. 原因

病害是引起根系腐烂的主要原因之一。例如，番茄疫霉根腐病、腐霉根腐病等真菌性病害，在高湿度和适宜温度（24～28 ℃）条件下容易滋生和传播。病原菌侵染根系后,破坏根系组织,导致腐烂。

浇水过多或排水不良也是常见因素。当土壤长期积水,根系会因缺氧而窒息,无氧呼吸产生的酒精等有害物质会毒害根系,使其腐烂。在连阴雨天气或者排水系统不完善的田块,这种情况容易发生。

(三)根系损伤

1. 表现

根系损伤会使植株的吸收功能受到影响,出现生长停滞的现象。而且伤口容易导致病害的发生,增加植株染病的风险,进而影响番茄的产量和品质。

2. 原因

移栽过程中操作不当是造成根系损伤的常见原因。如果在移栽时根系没有得到很好的保护,比如拔苗时用力过猛或者移栽时根部土壤散落过多,都会损伤根系。

地下害虫也会对根系造成损伤。例如,蛴螬、金针虫等害虫会啃食番茄根系,在根系上形成伤口,这些伤口容易被病原菌侵染,引发病害。

二、培育措施

(一)优化土壤环境

1. 温度调节

在早春或晚秋种植时,可以采用覆盖地膜等方式提高土壤温度。黑色地膜能吸收太阳热量,提高地温2~3℃,有利于根系生长。在夏季高温时,可以通过覆盖遮阳网降低土壤温度,避免根系老化。

2. 土壤改良

定期检测土壤肥力和酸碱度,根据检测结果进行施肥和土壤改良。如果土壤肥力不足,可以增施有机肥和复合肥。例如,每平方米可施有机肥10~15千克,复合肥0.5~1千克。对于酸性土壤,可以添加石灰提高pH值;对于碱性土壤,可以添加硫磺粉降低pH值。

3. 土壤疏松

定期进行中耕松土,增加土壤通气性和透水性。中耕深度一般为5~10厘米,避免损伤根系。在番茄生长期间,可以进行2~3次中耕,使土壤保持疏松状态,有利于根系的生长和发育。

（二）合理浇水和排水

1. 浇水管理

根据番茄生长阶段和土壤墒情合理浇水。在幼苗期，保持土壤见干见湿，避免过度浇水。一般每隔3~5天浇1次水，每次浇水量以湿透土壤表层3~5厘米为宜。在结果期，需水量增加，要适当增加浇水次数，但也要注意避免积水，每周浇水2~3次，每次浇水量以湿透土壤10~15厘米为宜。

2. 排水措施

完善田间排水系统，在田间四周和中间设置排水沟。排水沟的深度和宽度要根据实际情况确定，一般沟深30~50厘米，沟宽20~30厘米，确保在雨季或浇水过多时，积水能够及时排出。

（三）移栽及害虫防治措施

1. 移栽技巧

在移栽番茄时，要尽量带土移栽，减少根系损伤。移栽前先浇透水，使土壤湿润，便于起苗。起苗时要小心操作，保持根系完整。移栽后要及时浇水，促进根系与新土壤结合。

2. 害虫防治

对于地下害虫，可以采用物理防治和化学防治相结合的方法。物理防治方面，可以在田间设置糖醋液诱捕害虫。化学防治方面，可以用辛硫磷等杀虫剂拌种或者进行土壤处理。按照药剂说明书的剂量和方法使用，例如，用50%辛硫磷乳油1 000倍液灌根，能有效防治地下害虫。

（四）病害防治

1. 预防措施

实行轮作制度，避免连作，减少病原菌的积累。例如，番茄与非茄科蔬菜轮作，间隔3~5年。在种植前，对土壤进行消毒处理，可用福尔马林等消毒剂进行熏蒸，每平方米用量为30~50毫升，能有效杀死土壤中的病原菌。

2. 治疗措施

对于已经发生根腐病等病害的植株，要及时拔除病株并销毁，防止病害传播。同时，可以用甲霜灵、噁霉灵等杀菌剂进行灌根治疗。按照药剂说明书的浓度和方法使用，一般每隔7~10天灌根1次，连续灌根3~5次。

第三节　芹菜根系生长问题及培育

一、常见问题

（一）根系发育受阻

1. 表现

根系发育受阻会导致芹菜植株生长矮小、瘦弱。地上部分的叶片会因为根系吸收功能减弱而发黄、生长缓慢，并且容易出现缺素症状，如缺氮时叶片淡绿、缺钾时叶片边缘发黄等。芹菜的产量和品质也会因此下降。

2. 原因

土壤质地是一个关键因素。如果土壤过于紧实，如黏土含量过高的土壤，通气性和透水性差，会限制根系的伸展。芹菜根系需要充足的氧气进行呼吸作用，土壤通气不良会使根系缺氧，导致发育缓慢。

土壤肥力不足也会阻碍根系发育。芹菜生长需要大量的氮、磷、钾等养分，特别是磷元素对于根系的生长和发育非常重要。当土壤中缺乏这些必需的养分时，根系无法正常生长和分化。

种植密度过大也会影响根系发育。当芹菜植株之间距离过近时，根系之间会相互竞争养分、水分和空间，每个植株的根系都无法充分伸展。

（二）根系腐烂

1. 表现

根系腐烂会使芹菜植株的吸收功能丧失。叶片会逐渐萎蔫、变黄，严重时植株会死亡。即使植株没有死亡，其生长也会受到极大影响，芹菜的叶柄会变得细软，口感变差，商品价值降低。

2. 原因

病害是引起芹菜根系腐烂的常见原因。例如，芹菜根腐病主要是由真菌引起的，在潮湿、温度适宜（20～25 ℃）的环境下容易发病。病原菌侵染根系后，会破坏根系的组织结构，导致腐烂。

浇水过多或排水不良也是重要因素。芹菜根系不耐涝，如果土壤长期积水，会使根系处于缺氧状态，无氧呼吸产生的有害物质会积累，从而导致根系腐烂。

（三）根系老化

1. 表现

根系老化会使芹菜的吸收能力减弱。地上部分的植株会出现生长缓慢、叶片枯萎等现象。芹菜的品质也会下降，如纤维素含量增加，口感变粗糙。

2. 原因

生长时间过长是根系老化的主要原因之一。随着生长时间的延长，芹菜根系会逐渐老化。一般来说，芹菜生长周期过长，超过其适宜生长时间，根的吸收和运输功能会下降。

土壤温度过高也会加速根系老化。芹菜根系适宜生长的温度一般为15~20℃，当温度长时间高于25℃时，根系的生理活动加快，细胞分裂和生长速度减缓，导致老化。

二、培育措施

（一）改善土壤条件

1. 土壤质地改良

对于质地较差的土壤，可以进行改良。如果是黏土含量高的土壤，可以添加适量的有机肥和沙子，以增加土壤通气性和透水性。一般每平方米可以添加有机肥10~15千克，沙子5~10千克。对于砂质土壤，可以添加有机肥和黏土提高土壤的保肥保水能力。

2. 合理施肥

基肥要施足，以有机肥为主，配合适量的化肥。例如，每平方米可以施用腐熟的农家肥15~20千克，过磷酸钙0.3~0.5千克，硫酸钾0.2~0.3千克。在芹菜生长过程中，根据生长阶段进行追肥，在幼苗期适量追施氮肥，促进根系和叶片生长；在生长中后期，增加磷肥、钾肥的施用，以维持根系的正常生长和功能。

3. 调整种植密度

根据芹菜品种和种植方式合理确定种植密度。一般来说，本芹品种行距为15~20厘米，株距为10~15厘米；西芹品种行距为20~30厘米，株距为15~20厘米。这样可以保证每个植株的根系都有足够的生长空间。

（二）合理浇水和排水

1. 浇水管理

芹菜生长需要充足的水分，但要避免浇水过多。在幼苗期，保持土壤湿润即可，一般每隔2~3天浇1次水，每次浇水量以湿透土壤表层3~5厘米为宜。在生长旺盛期，适当增加浇水频率，每隔1~2天浇1次水，每次浇水量以湿透土壤5~10厘米为宜。浇水最好采用滴灌或小水勤浇的方式,避免大水漫灌。

2. 排水系统创建

建设良好的排水系统,在田间四周和中间设置排水沟。排水沟的深度和宽度根据实际情况确定,一般沟深30～50厘米,沟宽20～30厘米,确保在雨季或浇水过多时,积水能够及时排出,防止根系因积水而腐烂。

(三)温度控制和适时收获

1. 温度调节

在高温季节,可以采用遮阳网覆盖降低土壤温度,避免根系老化。遮阳网可以降低温度3～5℃。在低温时期,可以采用地膜覆盖等方式提高土壤温度,促进根系生长。

2. 适时收获

根据芹菜品种和生长情况,适时收获。一般芹菜在播种后70～100天可以收获,避免生长周期过长导致根系老化。收获时要小心操作,避免损伤根系,以保证芹菜的品质。

(四)病害防治

1. 预防措施

实行轮作制度,芹菜与非伞形科蔬菜轮作,间隔2～3年,以减少病原菌的积累。在种植前,对土壤进行消毒处理,可用多菌灵等杀菌剂进行土壤处理,按照药剂说明书的剂量使用。

2. 治疗措施

对于已经发生根腐病等病害的植株,要及时拔除病株并销毁,防止病害传播。同时,可以用噁霉灵、甲霜灵等杀菌剂进行灌根治疗,按照药剂说明书的浓度和方法使用,一般每隔7～10天灌根1次,连续灌根2～3次。

第四节　菠菜根系生长问题及培育

一、常见问题

(一)根系生长缓慢

1. 表现

根系生长缓慢会导致菠菜植株生长矮小,叶片发黄、变小。由于根系吸收能力有限，不能为地上部分提供足够的水分和养分，菠菜的产量和品质下降，如叶片不够鲜嫩、口感变差。

2. 原因

土壤肥力差是一个重要因素。菠菜生长需要充足的氮、磷、钾等营养元素。如果土壤贫瘠，缺乏这些必需的养分，根系就难以获得足够的能量和物质支持生长。例如，土壤中氮素不足，会导致植株生长瘦弱，根系生长也会相应缓慢。

土壤板结也会影响根系生长。当土壤颗粒过于紧密时，通气性和透水性变差，根系无法正常呼吸和吸收水分。这通常是由于过度使用化肥、不合理的灌溉或者长期的机械碾压导致的。

温度不适宜也会使根系生长缓慢。菠菜是耐寒蔬菜，其根系生长适宜温度为 15~20 ℃。如果温度过高，特别是在夏季，超过25 ℃时，根系生长就会受到抑制。

（二）根系分叉或畸形

1. 表现

根系分叉或畸形会降低菠菜根系的吸收效率。因为畸形的根系表面积可能减少，或者分叉后的根系生长方向紊乱，影响对水分和养分的吸收。这会使菠菜生长不健壮，易受病虫害侵袭，而且外观品质差，影响销售。

2. 原因

土壤中有障碍物是导致根系分叉或畸形的主要原因之一。例如，土壤中存在未分解的大颗粒有机物、石块或硬土块等，菠菜根系在生长过程中受到挤压或阻碍，就会出现分叉或畸形。

土壤酸碱度不合适也可能引起这种情况。菠菜适宜在pH值为6.5~7.5的微酸性至中性土壤中生长。如果土壤过酸或过碱，会影响土壤中某些营养元素的有效性，从而干扰根系的正常生长，导致分叉或畸形。

（三）根系腐烂

1. 表现

根系腐烂会使菠菜的吸收功能丧失。植株表现为叶片萎蔫、发黄，严重时整株死亡。即使植株能够存活，其生长也会受到严重影响，产量大幅下降，并且品质变劣，失去商品价值。

2. 原因

病害是造成根系腐烂的常见原因。例如，菠菜根腐病主要是由真菌引起的，在潮湿、温度适宜（20~25 ℃）的环境下容易发病。病原菌侵入根系后，会分解根系组织，导致腐烂。

浇水过多或排水不良也会引发根系腐烂。菠菜根系不耐涝，如果土壤积水时间过长，根系会因缺氧而窒息，无氧呼吸产生的酒精等有害物质会积累，最终导致根系腐烂。

二、培育措施

（一）优化土壤条件

1. 土壤改良

对于肥力不足的土壤，要施足基肥。可以使用有机肥和化肥相结合的方式。例如，每平方米施用腐熟的农家肥10~15千克，再加上磷酸二铵0.2~0.3千克和硫酸钾0.1~0.2千克。对于板结的土壤，可以进行中耕松土，深度一般为5~10厘米，增加土壤的通气性和透水性。也可以添加适量的有机物料，如腐叶土、泥炭土等改善土壤结构。

2. 调整酸碱度

如果土壤过酸，可以添加石灰提高pH值；如果土壤过碱，可以添加硫磺粉降低pH值。在调节酸碱度时，要先对土壤进行检测，根据检测结果确定添加量。一般每平方米添加石灰或硫磺粉的量不超过1千克，并且要均匀撒施，避免局部浓度过高对根系造成伤害。

3. 清除障碍物

在种植菠菜前，要对土壤进行仔细的清理，去除石块、未分解的大颗粒有机物等障碍物，为根系生长创造良好的环境。

（二）合理灌溉和排水

1. 浇水管理

菠菜生长需要充足的水分，但要避免积水。在生长期间，根据土壤墒情和天气情况浇水。一般春秋季节，每隔2~3天浇1次水，每次浇水量以湿透土壤表层5~10厘米为宜。夏季高温时，要适当增加浇水次数，但要注意避免在中午高温时段浇水，可选择在早晚进行。冬季气温较低，减少浇水频率，防止土壤冻结伤害根系。

2. 排水设施创建

要确保种植菠菜的地块有良好的排水系统。在田间四周和中间设置排水沟，沟深一般为30~50厘米，沟宽20~30厘米。这样在雨季或浇水过多时，能够及时将积水排出，防止根系腐烂。

（三）温度控制和品种选择

1. 温度调节

在夏季高温时，可以采用遮阳网覆盖，降低土壤温度和光照强度，有利于菠菜根系生长。遮阳网可以降低温度3~5℃。在冬季寒冷时，可以使用地膜覆盖，提高土壤温度，保持土壤湿度，促进根系生长。

2. 品种选择

根据不同的季节和种植环境选择合适的菠菜品种。例如，在夏季高温环境下，可以选择耐热品种，如荷兰菠菜等，这些品种的根系相对更耐高温，能够在较高温度下保持较好的生长状态。

（四）病害防治

1. 预防措施

实行轮作制度，菠菜与非藜科蔬菜轮作，间隔2~3年，减少病原菌积累。在种植前，对土壤进行消毒处理，例如，用多菌灵或甲基托布津等杀菌剂进行土壤处理，按照药剂说明书的剂量使用，每平方米用量一般不超过10克，能有效杀死土壤中的病原菌。

2. 治疗措施

对于已经发生根腐病等病害的植株，要及时拔除病株并销毁，防止病害传播。同时，可以用噁霉灵、甲霜灵等杀菌剂进行灌根治疗，按照药剂说明书的浓度和方法使用，一般每隔7~10天灌根1次，连续灌根2~3次。

第十一章 其他作物根系生长问题及培育

第一节 兰花根系生长问题及培育

一、常见问题

（一）根系腐烂

1. 表现

根系腐烂会使兰花的吸收和运输功能受损。表现为叶片发黄、枯萎，新芽停止生长甚至死亡。严重的根系腐烂会导致整株兰花死亡，即使部分根系存活，兰花的生长也会受到极大抑制，难以恢复到健康状态，观赏价值大大降低。

2. 原因

浇水过多是导致兰花根系腐烂最常见的原因之一。兰花是肉质根，具有一定的储水功能，对水分的要求较为严格。如果浇水过于频繁，土壤长期处于积水状态，根系就会因为缺氧而无法正常呼吸，从而导致腐烂。

植料透气性差也会引发根系腐烂。兰花根系需要良好的通气环境，若植料颗粒过小、质地细密，如使用纯泥土作为植料，会使根系周围空气流通不畅，有害气体难以排出，容易滋生厌氧菌，进而导致根系腐烂。

施肥不当同样会损害根系。如果施肥浓度过高，或者使用未腐熟的肥料，肥料在土壤中发酵会产生热量和有害物质，烧伤根系，引起腐烂。

（二）空根

1. 表现

空根会使兰花根系的吸收功能下降。植株生长缓慢，叶片失去光泽、变薄，花朵数量减少、质量下降。空根问题如果长期的不解决，会导致兰花逐渐衰弱，抵抗力降低，容易受到病虫害的侵袭。

2. 原因

植料长期干燥是主要因素。兰花根系虽然有一定的储水能力，但如果长时间处于缺水状态，根系中的水分会逐渐流失，导致根系干瘪，形成空根。

植料保水性差也会引起空根。例如，使用的植料过于疏松，像纯珍珠岩等，水分无法有效保留，根系难以吸收足够的水分，从而出现空根现象。

（三）根系生长缓慢或停滞

1. 表现

根系生长缓慢或停滞会使兰花整体生长发育不良。植株矮小，叶片细弱，开花稀少甚至不开花。而且由于根系不发达，兰花对环境变化的适应能力较弱，更容易受到不良环境的影响。

2. 原因

温度不适宜对兰花根系生长影响较大。不同种类的兰花对温度要求不同，但一般来说，温度过高或过低都会抑制根系生长。例如，当温度低于10℃或高于30℃时，很多兰花品种的根系生长速度会明显减慢。

光照不足或过强对兰花根系也会有影响。兰花是半阴生植物，适当的光照能促进光合作用，为根系生长提供能量和物质。但如果光照过弱，光合作用产生的养分不足；光照过强，会灼伤叶片和根系，都会导致根系生长缓慢。

养分缺乏也是一个原因。兰花生长需要多种养分，如氮、磷、钾等大量元素和铁、锰、锌等微量元素。如果土壤中缺乏这些养分，根系没有足够的营养用来支持生长，就会出现生长缓慢或停滞的情况。

二、培育措施

（一）合理浇水和选择植料

1. 浇水管理

要掌握好浇水的频率和量。根据兰花的品种、季节和植料的干湿情况浇水。一般在春季和秋季，气温适中，每隔3～5天浇1次水；夏季气温高，水分蒸发快，可以每隔

1~2天浇1次水,但要注意避免在中午高温时浇水,最好在早晚进行;冬季气温低,兰花生长缓慢,可每隔7~10天浇1次水。每次浇水要浇透,使水从容器底部流出,但要避免积水。

2. 植料选择和配比

选择透气性好、排水性佳的植料。常见的植料有松树皮、珍珠岩、蛭石、火山石等。可以将松树皮与珍珠岩按3∶1或4∶1的比例混合,或者用蛭石、火山石、腐叶土等按一定比例配制。这样的植料能够保证根系周围有良好的通气环境,防止根系腐烂。

(二)科学施肥和预防空根

1. 施肥技巧

采用薄肥勤施的原则。在兰花生长季节,如春季和秋季,可以每隔1~2周施1次稀薄的液肥。液肥浓度要低,一般稀释1 000~2 000倍。可以使用兰花专用肥或自制的有机肥,如发酵后的淘米水等。施肥时要避免肥料接触根系,最好是在浇水后施肥。

2. 预防空根措施

保持植料适当的湿度。可以通过手指插入植料判断干湿程度,当感觉植料表层以下1~2厘米处干燥时,就可以浇水了。同时,要选择保水性和透气性良好的植料,如在植料中添加适量的泥炭土或水苔,以提高植料的保水能力,防止根系因缺水而空根。

(三)环境调控和养分补充

1. 温度和光照调节

根据兰花品种提供适宜的温度环境。对于大多数兰花品种,可以将其放置在温度保持在15~25 ℃的环境中。在高温时节,可以通过遮阴、通风、喷水等方式降温;寒冷时节,将兰花移至室内温暖处,或使用加热设备保持温度。在光照方面,将兰花放置在有散射光的地方,避免阳光直射。可以使用遮阳网调节光照强度,使兰花能接收到适量的光照,促进根系生长。

2. 养分补充

定期给兰花补充养分。除施肥外,还可以在换容器时添加基肥。基肥可以选择缓释肥或有机肥,如骨粉、饼肥等。在使用基肥时,要将其与植料充分混合,避免肥料集中对根系造成伤害。同时,要注意补充微量元素,可以使用含有铁、锰、锌等微量元素的叶面肥进行喷雾,每月1~2次,促进根系和植株的健康生长。

第二节　百合根系生长问题及培育

一、常见问题

（一）根系腐烂

1. 表现

根系腐烂会严重影响百合的生长。植株会出现叶片发黄、枯萎，生长停滞的现象。严重时，整株百合会死亡，降低观赏价值和产量。即使部分根系存活，也会导致花朵变小、数量减少，花期缩短。

2. 原因

土壤排水不良是导致百合根系腐烂的关键因素。百合根系需要良好的透气性和排水性，如果土壤积水，根系会因缺氧而无法正常呼吸，无氧呼吸产生的酒精等有害物质就会积累，从而使根系腐烂。

病害也是常见原因之一。例如，百合疫霉病、根腐病等真菌性病害，在高温、高湿的环境下容易滋生和传播。病原菌会侵染根系，破坏根系组织，导致腐烂。

施肥不当同样会引起根系腐烂。如果施肥过量，尤其是氮肥过多，会使土壤中盐分浓度过高，烧伤根系；或者使用未腐熟的有机肥，在土壤中发酵产生热量，也会对根系造成损害。

（二）根系生长缓慢

1. 表现

根系生长缓慢会使百合植株生长瘦弱，地上部分的茎、叶发育不良。由于根系吸收能力弱，无法为植株提供足够的养分，导致百合开花延迟、花朵质量差，如花朵变小、色泽暗淡等。

2. 原因

土壤肥力不足是根系生长缓慢的主要原因。百合生长需要充足的氮、磷、钾等营养元素，特别是磷、钾元素对根系生长非常重要。如果土壤中缺乏这些养分，根系生长就会受到限制。

土壤质地不合适也会影响根系生长。例如，土壤过于紧实或黏重，通气性和透水性差，根系难以伸展和吸收养分；而过于疏松的土壤，保肥保水能力差，也不利于根系生长。

温度不适宜也会导致根系生长缓慢。百合根系生长的适宜温度一般为 12～18 ℃，如果温度过高或过低，根系的生理活动会受到抑制。

（三）根系损伤

1. 表现

根系损伤会使百合根系的吸收和运输功能下降。植株会出现叶片萎蔫、生长不良的现象。而且伤口容易导致病害的发生，增加百合患病的风险，进而影响其生长和观赏价值。

2. 原因

移栽过程不当是造成根系损伤的常见原因。在移栽百合时，如果操作不仔细，例如，拔苗时用力过猛，或者移栽时没有保护好根系，导致根系折断、破损等，就会影响根系的正常功能。

地下害虫的侵害也会损伤根系。例如，蛴螬、金针虫等害虫会啃食百合根系，在根系上形成伤口，这些伤口容易被病原菌侵染，引发病害。

二、培育措施

（一）改善土壤条件和排水系统

1. 土壤改良

对于排水性差的土壤，可以添加适量的沙子、珍珠岩或蛭石改善土壤结构，增加通气性和排水性。例如，在黏重的土壤中，每平方米可以添加沙子或珍珠岩3～5千克。同时，要保证土壤的肥力，可以施用腐熟的有机肥，每平方米10～15千克，配合适量的磷肥、钾肥，如磷酸二铵0.3～0.5千克、硫酸钾0.2～0.3千克。

2. 排水措施

完善排水系统，在种植百合的区域周围和中间设置排水沟。排水沟的深度和宽度要根据实际情况确定，一般沟深30～50厘米，沟宽20～30厘米，确保积水能够及时排出，防止根系因积水而腐烂。

（二）合理施肥和温度控制

1. 施肥管理

基肥要施足，以有机肥为主，配合适量的化肥。在百合生长过程中，要根据生长阶段合理追肥。在幼苗期，适当追施氮肥，促进根系和茎、叶生长；在花芽分化期和孕蕾期，重点追施磷肥、钾肥，促进花芽分化和花朵发育。追肥时，要注意控制施肥量和浓度，避免烧伤根系。

2. 温度调节

在早春或晚秋种植百合时，要注意温度控制。如果温度过低，可以采用覆盖地膜等方式提高土壤温度。地膜能够提高地温2~3 ℃，有利于根系生长。在夏季高温时，可以通过遮阴、通风等方式降低温度，避免根系生长受到抑制。

（三）移栽技巧和害虫防治

1. 移栽注意事项

在移栽百合时，要尽量小心操作，带土移栽是最好的方式，可以减少根系损伤。移栽前先浇透水，使土壤湿润，便于起苗。起苗时，要用工具小心挖掘，保持根系完整。移栽后，要及时浇水，使根系与新土壤紧密结合。

2. 害虫防治

对于地下害虫，可以采用物理防治和化学防治相结合的方法。物理防治方面，可以在田间设置糖醋液诱捕害虫。化学防治方面，可以用辛硫磷等杀虫剂拌种或者进行土壤处理。按照药剂说明书的剂量和方法使用，例如，用50%辛硫磷乳油1 000倍液灌根，能有效防治地下害虫。

（四）病害防治

1. 预防措施

实行轮作制度，避免百合连作，减少病原菌的积累。例如，百合与非百合科植物轮作，间隔3~5年。在种植前，对土壤进行消毒处理，可用福尔马林等消毒剂进行熏蒸，每平方米用量为30~50毫升，能有效杀死土壤中的病原菌。

2. 治疗措施

对于已经发生根腐病等病害的植株，要及时拔除病株并销毁，防止病害传播。同时，可以用甲霜灵、噁霉灵等杀菌剂进行灌根治疗。按照药剂说明书的浓度和方法使用，一般每隔7~10天灌根1次，连续灌根3~5次。

第三节　广玉兰根系生长问题及培育

一、常见问题

（一）根系积水腐烂

1. 表现

根系腐烂会严重影响广玉兰的生长和健康。表现为叶片发黄、枯萎，随后枝条也会逐渐干枯。如果不及时处理，整株广玉兰可能会死亡。即使部分根系存活，植株的生长也会受到极大抑制，如生长缓慢、开花减少、树势衰弱等。

2. 原因

土壤排水性差是主要因素。广玉兰虽然能适应多种土壤类型，但如果种植在排水不良的低洼地或者土壤质地黏重、通气性差的地方，在降雨或过度浇水后，土壤容易积水。根系长时间处于积水环境中，会因为缺氧而无法正常呼吸，进而导致根系腐烂。

不合理的灌溉方式也会引发问题。比如长时间采用大水漫灌，会使土壤中的水分长时间处于饱和状态，增加根系积水腐烂的风险。

（二）根系生长空间受限

1. 表现

根系生长空间受限会使广玉兰根系发育不良。这会导致地上部分生长缓慢，树冠扩展受限，叶片变小、变薄，植株的抗风、抗旱等抗逆能力下降。长期来看，会影响广玉兰的观赏价值和生态功能。

2. 原因

种植容器过小或者种植坑挖掘不够深、不够宽是常见原因。当广玉兰种植在容器中时，如果容器大小不能满足根系生长需求，根系会受到挤压，无法正常伸展。在园林种植中，若种植坑深度和宽度不足，根系在生长过程中会很快碰到周围的硬土或障碍物，限制其生长。

土壤紧实度也是一个因素。例如，在经常被行人踩踏或者车辆碾压的区域种植广玉兰，土壤会变得紧实，根系难以穿透和伸展，从而导致生长空间受限。

（三）根系受病虫害侵袭

1. 表现

病虫害侵袭会破坏根系的组织结构和功能。受病害侵袭的根系会出现腐烂、变色等症状，导致吸收功能下降。受虫害的根系会出现伤口，容易被病原菌二次侵染，同时也会影响根系对水分和养分的吸收，使广玉兰生长不良，出现叶片发黄、脱落，枝条枯萎等现象。

2. 原因

病害方面，广玉兰易患根腐病，这主要是由真菌引起的，在高温、高湿的环境下，病原菌容易在土壤中滋生并侵染根系。

虫害方面，蛴螬、根结线虫等害虫会对广玉兰根系造成危害。蛴螬会啃食根系，导致根系残缺不全；根结线虫会寄生在根系上，使根系形成根结，影响根系的正常吸收和运输功能。

二、培育措施

（一）改善排水和灌溉方式

1. 排水系统建设

如果种植区域地势较低或者土壤排水性差，要建设良好的排水系统。可以在植株周围挖掘排水沟，沟深和沟宽根据实际情况确定，一般沟深40~60厘米，沟宽30~50厘米。同时，在种植坑底部可以铺设一层砾石或陶粒，厚度10~15厘米，以增加排水性。

2. 合理灌溉

采用科学的灌溉方式，避免大水漫灌。可以根据天气情况和土壤墒情进行滴灌或小水勤浇。例如，在干旱季节，每周进行2~3次滴灌，每次滴灌时间根据土壤湿度传感器或经验判断，以保持土壤湿润但不积水为宜。

（二）提供充足的生长空间

1. 种植容器和栽培坑的准备

如果是容器栽培广玉兰，要选择合适大小的容器，容器直径至少是植株地径的3~5倍，深度要能保证根系有足够的垂直生长空间。在园林种植时，种植坑的深度和宽度要适当加大，一般深度为60~80厘米，宽度为80~100厘米，并且要将种植坑内的土壤疏松，为根系生长创造良好条件。

2. 土壤疏松

定期对广玉兰植株周围的土壤进行疏松，深度20~30厘米。可以使用园艺耙或松土铲等工具，在春季和秋季各进行1次，以减轻土壤紧实度，为根系生长提供空间。

（三）病虫害防治

1. 病害防治

对于根腐病等病害，要加强栽培管理，保持植株生长环境良好，避免积水。在发病初期，可以用噁霉灵、甲霜灵等杀菌剂进行灌根治疗。按照药剂说明书的浓度和方法使用，一般每隔7~10天灌根1次，连续灌根3~5次。

2. 虫害防治

对于蛴螬，可以在春季和秋季用辛硫磷等杀虫剂进行土壤处理。将药剂与土壤混合均匀，按照每平方米5~10克的剂量使用。对于根结线虫，可以使用阿维菌素等杀线虫剂进行灌根，每10~15天灌根1次，连续灌根2~3次，同时要对土壤进行消毒处理，减少线虫数量。

第四节　茶树根系生长问题及培育

一、常见问题

（一）根系发育不良

1. 影响

根系发育不良会导致茶树地上部分生长缓慢。叶片变小、变薄，颜色淡绿，新芽萌发减少。茶树的产量和茶叶品质也会随之下降，如茶叶的香气和滋味都会变淡。

2. 原因

土壤条件差是关键因素。例如，土壤过于紧实，通气性和透水性不佳，会阻碍根系的伸展。茶树根系需要充足的氧气进行呼吸作用，在通气不良的土壤中，根系生长会受到抑制。另外，土壤肥力不足，缺乏氮、磷、钾等茶树生长必需的养分，也会导致根系发育迟缓。

种植密度过大也会影响根系发育。如果茶树种植过密，根系之间会相互竞争养分、水分和生长空间，每株茶树的根系都难以充分生长。

（二）根系腐烂

1. 影响

根系腐烂会使茶树的吸收功能丧失。植株表现为叶片发黄、枯萎，严重时整株茶树死亡。即使茶树没有死亡，其生长也会受到极大影响，茶叶产量大幅降低，品质变劣，如出现苦涩味加重等情况。

2. 原因

土壤积水是引起根系腐烂的主要原因之一。茶树虽然需要一定的水分，但不耐涝。如果茶园排水不良，土壤长期处于积水状态，根系会因缺氧而窒息，无氧呼吸产生的有害物质会积累，最终导致根系腐烂。

病害也是重要因素。例如，茶树根腐病是由多种病原菌引起的，在高温、高湿的环境下容易发病。病原菌侵染根系后，会破坏根系组织，导致腐烂。

（三）根系老化

1. 影响

根系老化会使茶树吸收能力减弱。植株的地上部分会出现生长缓慢、叶片枯萎等现象。茶叶的品质也会下降，如氨基酸等营养成分含量减少，口感变差。

2. 原因

茶树生长时间过长是根系老化的主要原因。随着茶树年龄的增加，根系的吸收和运输功能会逐渐下降。另外，土壤肥力的长期消耗，如果没有及时补充养分，也会加速根系老化。

不良的土壤环境，如土壤酸碱度不适宜或土壤中有害物质积累，也会促使根系老化。茶树适宜在pH值为4.5～6.5的酸性土壤中生长，当土壤pH值超出这个范围，会影响根系的正常生理功能。

二、培育措施

（一）改善土壤条件

1. 土壤改良

对于质地较差的土壤，可以进行改良。如果是黏土含量高的土壤，可以添加适量的有机肥和沙子，以增加土壤通气性和透水性。一般每平方米茶园可以添加有机肥10～15千克、沙子5～10千克。对于砂质土壤，可以添加有机肥和黏土提高土壤的保肥保水能力。

2. 合理施肥

基肥要施足，以有机肥为主，配合适量的化肥。例如，每平方米茶园可以施用腐熟的农家肥15～20千克、过磷酸钙0.3～0.5千克、硫酸钾0.2～0.3千克。在茶树生长过程中，根据生长阶段进行追肥，在春季和秋季的生长旺盛期，适量追施氮肥，促进根系和叶片生长；在夏季，增加磷肥、钾肥的施用，以维持根系的正常生长和功能。

3. 调整种植密度

根据茶树品种和茶园的地形、土壤等条件合理确定种植密度。一般来说，每亩（1亩≈667平方米，全书同）茶园种植3 000～6 000株茶树较为合适。这样可以保证每个植株的根系都有足够的生长空间。

（二）合理浇水和排水

1. 浇水管理

茶树生长需要充足的水分，但要避免浇水过多。在春季和秋季，茶园土壤湿度保持在70%～80%较为合适，一般每隔3～5天浇1次水，每次浇水量以湿透土壤表层5～10厘米为宜。在高温时节，适当增加浇水频率，每隔1～2天浇1次水，每次浇水量以湿透土壤10～15厘米为宜。浇水最好采用滴灌或小水勤浇的方式，避免大水漫灌。

2. 排水系统

建设良好的排水系统，在茶园四周和中间设置排水沟。排水沟的深度和宽度根据实际情况确定，一般沟深30~50厘米，沟宽20~30厘米，确保在雨季或浇水过多时，积水能够及时排出，防止根系因积水而腐烂。

（三）土壤酸碱度调节和适时更新

1. 酸碱度调节

如果土壤pH值过高，可以添加硫磺粉降低pH值；如果pH值过低，可以添加石灰提高pH值。在调节酸碱度时，要先对土壤进行检测，根据检测结果确定添加量。一般每平方米添加石灰或硫磺粉的量不超过1千克，并且要均匀撒施，避免局部浓度过高对根系造成伤害。

2. 适时更新

对于老化的茶树，可以进行台刈或重修剪等更新措施。台刈是将茶树地上部分从接近地面处全部剪去，促使茶树重新萌发新枝和新根。重修剪是将茶树树冠高度剪去1/3~1/2，刺激茶树更新生长。一般每隔10~15年进行1次台刈，每隔3~5年进行1次重修剪。

第十二章

微生物菌剂与根系生长

第一节 微生物菌剂概述

微生物菌剂是一种含有活微生物的间接性肥料，俗称菌肥或菌剂，在农业生产等领域应用广泛。

一、主要成分

（一）有益微生物

包含多种对作物生长有益的菌类，如根瘤菌可与豆科作物共生固氮；固氮菌能独立固定空气中的氮气为植物提供氮素；解磷菌可分解土壤中难溶性磷，使其转化为植物可吸收的形态；解钾菌能释放土壤中固定的钾元素；还有芽孢杆菌、木霉菌等，它们可以抑制有害菌生长，促进植物生长。

（二）培养基质和添加物

作为微生物的载体和营养来源，为微生物的生存和繁殖提供必要的条件，常见的包括有机质、腐植酸等，这些物质既有利于微生物的生长，也能改善土壤的理化性质。

二、分类方式

（一）按剂型

可分为液体、粉剂、颗粒型。液体微生物菌剂具有流动性好、使用方便等特点，适合于滴灌、喷施等；粉剂微生物菌剂易于保存和运输，可与其他肥料混合使用；颗粒型微生物菌剂则更适合作为底肥撒施，在土壤中缓慢释放养分。

（二）按内含的微生物种类或功能特性

分为根瘤菌菌剂、固氮菌菌剂、解磷类微生物菌剂、硅酸盐微生物菌剂、光合细菌菌剂、有机物料腐熟剂、促生菌剂、菌根菌剂、生物修复菌剂等。

（三）按复合方式

可分为单一微生物菌剂和复合微生物菌剂。复合微生物菌剂是由多种不同功能的微生物组合而成，能解决多种土壤问题，效果通常更好。

三、作用效果

（一）提高土壤肥力

有益微生物在土壤中分解有机物质，释放出大量的营养物质，如氮、磷、钾等，还能将土壤中难溶性的养分转化为可溶性养分，提高土壤养分有效性和供应能力，同时分泌胞外多糖物质，增强土壤团粒结构，疏松土壤，提高土壤通气性、透水性和保水保肥能力。

（二）促进作物生长发育

许多微生物菌剂中的有益菌能够分泌赤霉素、细胞分裂素、生长素等活性物质，刺激、调节、促进作物的生长发育，有利于作物增产，使作物根系发达、茎秆粗壮、叶片繁茂，提高作物的产量和品质。

（三）增强作物的抗病和抗逆能力

有益菌可分泌抗生素类物质和多种活性酶，抑制或杀死致病菌，降低病害发生概率，增强作物的抗旱、耐寒、抗倒伏、防病及抗盐碱能力，还能有效预防作物生理性病害的发生，提高作物对不良环境条件的适应能力。

（四）改善农产品品质

使用微生物菌剂后，农产品的蛋白质、糖分、维生素、氨基酸等有益成分含量明显提高，籽粒、果实丰满光滑，蔬菜、果品色泽亮丽，既好吃又好看，价值还高，同时还可以减少硝酸盐的积累，提高农产品的安全性。

（五）减少化肥用量

通过提高土壤肥力和养分利用效率，微生物菌剂能够使作物更好地吸收和利用土壤中的养分，从而在一定程度上减少化肥的施用量，降低农业生产成本，减轻因过量施肥对环境造成的污染。

四、使用方法

（一）作底肥

一般每亩用量4千克左右，耕地时均匀撒施，然后翻耕入土，使其与土壤充分混合，为作物生长提供长期的养分支持。

（二）作追肥

每亩用量1~2千克，可采用冲施或追施的方式，将菌剂溶解在水中或与适量的有机肥混合后，施用于作物根部周围，及时补充作物生长过程中所需的养分。

（三）作滴灌与冲施

取清液配合常规肥料浇灌，残渣可作基肥用，这种方式能够使菌剂均匀地分布在土壤中，更有利于作物根系的吸收，但要注意避免与强碱性的肥料或农药混合使用。

（四）作种肥

适量拌种，按常规育苗或播种方法使用，使菌剂附着在种子表面，随着种子的萌发和生长，有益菌能够在根系周围定殖，为幼苗生长创造良好的土壤环境。

五、使用注意事项

（一）选择正规产品

要选择正规厂家生产、质量可靠、活菌含量高且符合国家标准的产品，避免购买假冒伪劣产品，以确保微生物菌剂的效果和安全性。

（二）注意保存条件

应存放在阴凉、干燥、通风处，避免阳光直射和高温潮湿环境，防止菌体死亡或活性降低。对于需冷藏保存的菌剂，要严格按照产品说明书进行操作。

（三）避免与杀菌剂等混用

微生物菌剂不能与杀菌剂、强碱性杀虫剂等混合使用，否则会导致菌剂中的有益菌失活，影响其效果。使用杀菌剂后，一般需间隔7天以上才能使用微生物菌剂。

（四）提供适宜的土壤环境

保持土壤适宜的湿度和通气性，土壤过于干旱或积水都会影响微生物的生长和繁殖，此外，土壤pH值也应控制在适宜的范围内，一般来说，pH值6.5~7.5较适宜微生物菌的生存和活动。

(五)配合有机肥使用

微生物菌剂与完全腐熟的有机肥一起施用效果更好，有机肥可为微生物提供大量的有机质和养分，有利于有益菌的生长和繁殖，同时也能提高土壤肥力。

第二节　微生物菌剂的主要作用

一、改善土壤环境

(一)改良土壤结构

许多微生物菌剂中的有益微生物，如芽孢杆菌等，在生长繁殖过程中会产生胞外多糖等物质，这些物质可以将土壤颗粒黏结在一起，形成稳定的团粒结构，使土壤变得疏松多孔，从而增强土壤透气性和透水性，为作物根系生长提供了良好的物理环境，有利于根系的伸展和呼吸作用的进行。

(二)调节土壤酸碱度

部分微生物菌剂中的微生物能够通过自身的代谢活动调节土壤的酸碱度，使土壤pH值更接近植物生长的适宜范围，从而提高土壤中养分的有效性，促进作物根系对养分的吸收。

二、促进养分转化与吸收

(一)固氮作用

一些微生物菌剂中含有固氮菌，如根瘤菌等，它们能够与豆科作物的根系形成共生关系，将空气中的氮气转化为作物可吸收利用的氨态氮，为作物提供了重要的氮素营养，促进作物根系及地上部分的生长。

(二)解磷、解钾作用

解磷菌和解钾菌等有益微生物能够分解土壤中难溶性的磷化合物、钾化合物，将其转化为作物能够吸收的可溶性磷离子、钾离子，提高土壤中磷、钾的元素有效性，满足作物根系对这些大量元素的需求，增强根系的生长和发育，进而提高作物的抗逆性和产量。

三、分泌促生物质

（一）植物激素

微生物菌剂中的有益微生物在生长代谢过程中会分泌多种植物激素，如生长素、细胞分裂素、赤霉素等，这些激素能够刺激作物根系细胞的分裂和伸长，促进根系的生长和分化，使根系更加发达，增加根系的吸收面积和活力，从而更好地吸收水分和养分。

（二）酶类物质

有益微生物还会分泌一些酶类物质，如几丁质酶、蛋白酶等，这些酶可以分解土壤中的有机物质，释放出更多的营养物质供作物根系吸收利用，同时还能够降解土壤中的有害物质，减轻其对根系的毒害作用，为根系生长创造有利条件。

四、抑制有害微生物

（一）竞争作用

微生物菌剂中的有益微生物在土壤中大量繁殖后，会占据一定的生态位，与有害微生物形成竞争关系，争夺养分、水分和生存空间，从而抑制有害微生物的生长和繁殖，减少其对植物根系的侵害。

（二）拮抗作用

部分有益微生物能够分泌抗生素、抗菌蛋白等拮抗物质，直接抑制或杀死土壤中的病原菌，如枯草芽孢杆菌可以分泌多种抗菌物质，对引起植物根腐病、枯萎病等的病原菌有很好的抑制作用，降低根部病害的发生率，保护植物根系的健康，使根系能够正常生长发育。

五、增强植物抗逆性

（一）诱导系统抗性

微生物菌剂中的有益微生物可以激活植物的免疫系统，诱导植物产生系统抗性，使植物对干旱、高温、低温、盐碱等逆境胁迫具有更强的适应能力，从而保证根系在不良环境条件下仍能维持正常的生理功能和生长状态。

（二）提高养分利用效率

通过改善土壤环境和促进养分转化吸收，微生物菌剂能够提高作物对养分的利用效率，使作物在养分供应相对不足的情况下，仍能保持较好的生长状态，增强其抗逆性，减少因逆境胁迫导致的根系生长受阻或受损的情况发生。

第三节　微生物菌剂促进根系生长的应用案例

一、粮食作物种植案例

（一）小麦种植案例

1. 案例背景

在某小麦主产区，土壤肥力逐渐下降，板结现象严重，小麦根系生长受限，导致植株生长不良，产量难以提升。为改善这种状况，探索可持续的农业增产途径，当地农业部门与科研机构合作开展微生物菌剂应用试验。

2. 应用方法

选用含有枯草芽孢杆菌、胶冻样芽孢杆菌等有益微生物的菌剂。在小麦播种前，将微生物菌剂按照种子重量的1%~2%进行拌种，使菌剂均匀附着在种子表面。

3. 效果观察

根系形态方面，在小麦拔节期和抽穗期分别进行根系挖掘观测。使用微生物菌剂处理后的小麦根系，根长平均比对照组长15%~20%，根数量明显增多，尤其是侧根和毛细根的密度显著增加，根直径也有所加粗，根系在土壤中的分布范围更广，吸收水分和养分的能力增强。

生理指标上，根系活力测定显示，处理组根系的脱氢酶活性和细胞色素氧化酶活性较对照组分别提高了25%和30%左右，表明根系的代谢功能更旺盛。

产量构成因素方面，有效穗数增加了8%~10%，每穗粒数提高了5%~8%，千粒重也略有提升，最终小麦亩产量提高了10%~12%。

（二）水稻种植案例

1. 案例背景

一些水稻种植区域长期依赖化肥，土壤酸化、微生物群落失衡，水稻根系发育不良，易倒伏且病害频发，影响了水稻的品质和产量。在此背景下，尝试引入微生物菌剂改善水稻根系生长环境。

2. 应用方法

采用包含光合细菌、乳酸菌、酵母菌等多种微生物复合而成的菌剂。在水稻移栽前，将菌剂与适量的有机肥混合后撒施于稻田，每亩用量为2~3千克，然后进行翻耕、耙平，使菌剂均匀分布在土壤表层。

3. 效果观察

根系生长状况上，在水稻分蘖期和孕穗期观察，使用菌剂的水稻根系呈现根白、根长且根毛丰富的特点。根长相比对照组增加20%~25%，根毛密度提高了约30%，这有助于更好地吸收土壤中的养分和水分，增强水稻的抗逆性。

对土壤理化性质的影响，土壤检测发现，使用菌剂后土壤有机质的含量有所提升，pH值趋于中性，土壤容重降低，土壤孔隙度增加，为根系生长创造了更有利的物理和化学环境。

产量表现上，水稻的结实率提高了10%~15%，千粒重增加了3%~5%，亩产量整体提高了12%~15%，同时稻米的品质也得到了一定程度的改善，垩白粒率降低，口感更佳。

（三）玉米种植案例

1. 案例背景

某玉米种植地土壤贫瘠，保水保肥能力差，玉米根系弱小，植株生长缓慢，对干旱和病虫害的抵抗力弱，导致玉米产量不稳定且处于较低水平。为解决这些问题，开展微生物菌剂在玉米种植中的应用示范。

2. 应用方法

使用含巨大芽孢杆菌、假单胞菌等的微生物菌剂。在玉米播种时，将菌剂按每亩1.5~2千克的量与种肥一起条施于播种沟内，与种子保持一定距离，避免烧种。

3. 效果观察

根系形态和结构上，在玉米大喇叭口期和灌浆期对根系进行分析，发现处理组玉米根系的主根长度增长了18%~22%，侧根分支增多，侧根长度和数量分别增加了约25%和30%，根系的总体积明显增大，根系对土壤中养分和水分的固着和吸收能力增强。

抗逆性方面，在干旱胁迫条件下，使用微生物菌剂的玉米根系能够更好地维持细胞的膨压，叶片的相对含水量较高，丙二醛含量（反映膜脂过氧化程度）较对照组降低了20%~25%，表明根系功能的增强提高了玉米的抗旱性。

产量结果显示，玉米的穗行数增加了6%~8%，行粒数提高了8%~10%，秃尖长度缩短，亩产量提高了10%~15%，为当地玉米种植增产提供了有效的技术支持。

二、蔬菜种植案例

1. 案例背景

在山东寿光的一个蔬菜种植基地,主要种植黄瓜。以往黄瓜生长过程中,常出现根系发育不良、易感染根部病害等问题,导致黄瓜产量和品质下降。

2. 应用方法

种植户在黄瓜种植前,将复合微生物菌剂(含有枯草芽孢杆菌、地衣芽孢杆菌等)作为基肥施入土壤,每亩用量为4~5千克,并且在黄瓜生长期间,每隔15~20天进行1次冲施,每次用量为1~2千克。

3. 效果观察

使用微生物菌剂后,黄瓜根系明显变得更加发达。主根粗壮,侧根和毛细根的数量大幅增加,根系的活力也显著提高。与未使用微生物菌剂的区域相比,黄瓜植株的生长速度加快,叶片更加浓绿、厚实。在抗病性方面,根腐病等根部病害的发生率降低了约60%。黄瓜的产量提高了30%左右,而且黄瓜的口感更好,瓜条更加直溜、鲜嫩,商品价值更高。

三、花卉种植案例

1. 案例背景

在云南的一个花卉种植园,主要种植玫瑰。玫瑰根系较弱,在土壤肥力不足和透气性差的情况下,生长缓慢,花朵质量差。

2. 应用方法

花农选择了含有丛枝菌根真菌的微生物菌剂,在玫瑰移栽时,将菌剂与种植土壤按照1∶10的比例混合,用于填充种植坑。在玫瑰生长过程中,每月用微生物菌剂溶液进行1次灌根,溶液浓度按照产品说明书进行调配。

3. 效果观察

使用微生物菌剂后,玫瑰根系生长得到了显著促进。根系与菌根真菌形成共生关系,根系的吸收面积扩大,对土壤中磷等养分的吸收效率大大提高。玫瑰植株生长健壮,茎秆更加粗壮,叶片色泽鲜艳,花朵数量增加了约40%,花朵直径增大,花瓣更加厚实,色泽更加艳丽,延长了玫瑰的观赏期。

四、果树种植案例

1. 案例背景

在陕西的一个苹果园,苹果树存在根系老化、吸收能力下降的问题,导致苹果产量和品质受到影响。

2. 应用方法

果农采用了复合微生物菌剂（包括解磷菌、解钾菌和固氮菌等），在春季果树萌芽前，沿树冠投影边缘挖环状沟，将微生物菌剂均匀撒入沟内，每亩用量为5~6千克，然后覆土。在果实膨大期，再次进行沟施，每亩用量为3~4千克。

3. 效果观察

微生物菌剂促进了苹果树根系的更新和生长。新根数量增多，根系活力增强，能够更好地吸收土壤中的养分。苹果树的叶片光合作用增强，树势得到明显改善。苹果的产量提高了约25%，果实大小更加均匀，色泽红润，糖分含量增加，口感更加香甜，在市场上更具竞争力。

第十三章

容器栽培与根系生长

第一节　容器栽培特点

容器栽培是一种区别于传统地面栽培的种植方式，具有以下特点。

一、空间利用灵活性高

（一）不受土地限制

容器栽培可以在多种场地开展，无论是城市的阳台、露台、屋顶，还是室内空间，只要有一定的光照和空间条件，都可以进行植物种植。

对于土地资源稀缺的地区，或者土壤条件不佳（如盐碱地、污染土地）的地方，容器栽培提供了一种有效的种植替代方案。

（二）可移动性强

容器本身可以根据需要随时移动位置。例如，在夏季阳光强烈时，可以将怕晒的植物容器移到遮阴处；在冬季寒冷时，将不耐寒的植物容器搬到室内温暖的地方。

这种移动性还体现在景观布置中快速改变植物的布局。例如，在公园举办花卉展览时，可以根据设计主题方便地调整容器植物的摆放位置，营造不同的景观效果。

二、对生长环境的精准控制

（一）土壤条件

可以根据不同植物的需求，精准配制培养土。例如，对于兰花等对土壤透气性要求极高的植物，可以使用以松树皮、珍珠岩等为主的疏松透气的植料；对于多肉植物，可采用颗粒土与泥炭土混合的基质，确保良好的排水性。

便于进行土壤改良和施肥管理。种植者能够准确地添加肥料、土壤改良剂等，满足植物特定生长阶段的需求。例如，在花卉孕蕾期，可以针对性地添加磷肥、钾肥，促进花芽分化。

（二）水分管理

容器栽培可以有效控制浇水的量和频率。由于容器的容积有限，种植者能够准确判断植物的需水量。例如，小型的多肉植物容器，每次浇水的量可以精确控制，避免浇水过多导致根部腐烂。

不同类型的容器（如陶盆、塑料盆等）其排水性能不同，可以根据植物对水分的耐受性进行选择。例如，排水性较好的陶盆适合种植怕涝的植物，如仙人掌；而保水性稍强的塑料盆则可用于一些对水分需求较为稳定的花卉。

三、对生长周期的可调控性

（一）生长速度调控

可以通过控制容器大小、土壤肥力、浇水施肥频率等因素调节植物的生长速度。例如，在盆景制作中，通过使用较小的容器限制植物根系生长，从而控制地上部分的生长速度，使植株保持矮小紧凑的形态

对于花卉，适当增加施肥频率和光照时间可以加快生长速度，提前花期；相反，减少养分供应和光照强度可以延缓生长，推迟花期。

（二）繁殖管理便捷

容器栽培便于进行植物的繁殖操作。例如，在扦插繁殖时，可以将插穗直接插入装有适宜基质的容器中，方便管理和观察生根情况。

对于种子繁殖，在容器中可以提供稳定的温度、湿度和光照条件，提高种子发芽率和幼苗成活率。还可以将不同品种的植物分开繁殖，避免相互干扰和杂交。

第二节　容器栽培与地面栽培根系生长的差异

容器栽培和地面栽培根系存在诸多不同，这些差异主要体现在以下几个方面。

一、生长空间

（一）地面栽培

地面栽培植物的根系在土壤中有广阔的生长空间。它们可以向四周和深处自由延伸，一般能够深入土壤数米甚至十几米，横向扩展范围也较大。例如，成年的杨树，其根系可以延伸到地下十几米深处，水平方向上也能扩展到数米之外，以寻找水分和养分，并起到稳固植株的作用。

（二）容器栽培

容器栽培植物的根系生长空间受到容器的限制。容器的大小和形状决定了根系的生长范围，根系只能在有限的空间生长，通常会在容器底部和四周盘绕。如果容器栽培植物长期生长在过小的容器中，根系可能会因空间不足而生长受阻，形成根系缠绕、老化等现象。

二、土壤环境

（一）地面栽培

地面栽培土壤的体积大，土壤类型多样，具有更复杂的土壤结构和微生物群落。地面栽培土壤通气性、透水性和保肥能力因地域和土壤类型而异。例如，在砂质土壤中，通气性和透水性较好，但保肥能力相对较弱；而在黏质土壤中，保肥能力强，但通气性和透水性较差。地面栽培植物的根系需要适应不同的土壤条件，并且能够与土壤中的原生微生物建立复杂的共生关系，如与菌根真菌形成菌根，提高对养分的吸收能力。

（二）容器栽培

容器栽培土壤一般是人工配制的培养土，其成分可以根据植物的需求进行调整。容器栽培土壤通常要求疏松、透气、排水良好且富含养分。为了满足这些要求，常常会在培养土中加入珍珠岩、蛭石、腐叶土、泥炭土等材料。由于容器栽培土壤体积小，其缓冲能力相对较弱，容易受到浇水、施肥等因素的影响，导致土壤酸碱度、养分含量等发生较大变化。

三、根系形态

（一）地面栽培

地面栽培植物的根系形态较为自然和多样化。主根通常较为发达，能够深入土壤，起到支撑和吸收深层水分和养分的作用；侧根和须根也会随着主根的生长向四周扩展，形成庞大的根系网络。例如，胡萝卜的地面栽培根系，主根粗壮，肉质化，储存大量养分，侧根和须根则辅助吸收水分和养分。

（二）容器栽培

容器栽培植物由于空间限制，根系形态会发生适应性改变。主根可能生长受限，侧根和须根相对更为发达，并且在容器内形成密集的根团。有些容器栽培植物为了适应狭小的空间，根系会变得短而细，以增加在有限空间内的吸收面积。

四、水肥管理

（一）浇水

1. 地面栽培

地面栽培植物的根系分布范围广，对水分的吸收有较大的缓冲空间。在自然降雨或少量人工灌溉的情况下，根系能够从较广的土壤区域吸收水分。例如，地面栽培的树木在干旱时期，可以利用深层土壤中的水分维持生长，因为其根系能够深入地下数米寻找水源。

2. 容器栽培

容器栽培植物的根系对浇水的依赖性更强，并且对浇水的频率和量更为敏感。由于容器空间有限，土壤持水量小，如果浇水过多，容易导致积水，使根系缺氧腐烂；浇水过少，则会使根系很快缺水，影响植物生长。

（二）施肥

1. 地面栽培

地面栽培植物的根系可以从较大范围的土壤中吸收养分，施肥后肥料可以在土壤中逐渐扩散并被根系吸收。地面栽培植物可以相对粗放地施肥，例如，在树木周围的土壤中施入有机肥或化肥，根系会逐渐吸收利用。而且土壤本身具有一定的肥力调节能力，能够在一定程度上缓冲肥料浓度的变化。

2. 容器栽培

容器栽培植物需要更精细的施肥管理。由于容器栽培土壤体积小，养分含量有限，需要定期施肥以补充植物生长所需的养分。但施肥量过多容易造成肥害，因为容器内的土壤对肥料浓度的缓冲能力较弱，过高的肥料浓度会烧伤根系。

五、抗逆性

（一）地面栽培

地面栽培植物的根系在应对环境胁迫时具有较强的抗逆性。由于根系深入土壤且分布广泛，在遇到大风、暴雨等自然灾害时，能够较好地稳固植株。例如，在沿海地区，地面栽培的红树林通过发达的根系在潮间带的淤泥中扎根，抵抗风浪的侵袭。在干旱或寒冷的环境下，地面栽培植物的根系可以深入土壤寻找相对稳定的水源或温度适宜的土壤层，以维持植物的生存。

（二）容器栽培

容器栽培植物的根系抗逆性相对较弱。由于生长空间受限，根系在应对外界环境变化（如温度骤变、强风等）时的缓冲能力较差。例如，在寒冷的冬季，如果容器栽培植物没有得到适当的保护，其根系可能会因容器中土壤冻结而受损；在大风天气下，容器栽培植物也容易因根系抓地力不足而倾倒。

第三节　容器栽培根系的养护管理

一、容器栽培根系养护的重要性

容器栽培植物的根系是其生长的基础，承担着吸收水分、养分，固定植株以及合成某些激素和生物活性物质等重要功能。良好的根系养护是容器栽培植物健康生长、枝繁叶茂和开花结果的关键。由于容器栽培植物生长空间有限，根系生长环境相对特殊，与地面栽培植物相比更易受到各种因素的影响，因此，根系养护管理显得尤为重要。

二、根系养护管理

（一）土壤管理

1. 土壤选择与配比

不同容器栽培植物对土壤的要求各异。例如，肉质根植物（如兰花）需要疏松、透气、排水性极佳且富含有机质的土壤，常采用树皮、苔藓、珍珠岩等混合配制；而观叶植物（如绿萝）则适合在肥沃、疏松、保水性较好的土壤中生长，可以用腐叶土、泥炭土和珍珠岩按一定比例混合。合适的土壤能保证根系有良好的通气性、透水性和保肥性，为根系生长提供适宜的物理环境。

土壤的酸碱度也会影响根系对养分的吸收。例如，喜酸性土壤的植物（如杜鹃）在碱性土壤中，根系对铁、锰等微量元素的吸收会受到抑制。因此，需要根据植物的需求调节土壤酸碱度，可使用硫磺粉降低土壤pH值，或使用石灰提高pH值。

2. 土壤改良与疏松

随着时间的推移，容器栽培土壤会逐渐板结，这会影响根系的通气性和透水性。定期向土壤中添加有机物质，如腐熟的堆肥、腐叶土等，可以改善土壤结构，增加土壤孔隙度，使根系能够更好地呼吸和伸展。

可以使用小耙子或竹签等工具，每隔一段时间对土壤表层进行轻微的松土操作，但要注意避免损伤根系。对于一些根系较浅的容器栽培植物，松土深度不宜超过2～3厘米。

（二）浇水管理

1. 浇水频率与量

浇水频率和量取决于多种因素，包括植物种类、季节、容器大小和土壤类型等。耐旱植物（如仙人掌）需要较少的水分，而喜湿植物（如蕨类）则需要经常保持土壤湿润。

在夏季高温时，植物蒸发量大，需要增加浇水频率；冬季植物生长缓慢，浇水频率应降低。同时，要根据容器大小和土壤的保水能力调整浇水量，避免浇水过多导致积水，使根系缺氧腐烂，或浇水过少导致根系缺水枯萎。

2. 浇水方法

采用合适的浇水方法对于根系养护至关重要。例如，对于大多数容器栽培植物，应采用"见干见湿"的浇水原则，即等到土壤表面干燥后再浇透水。浇透水可以使水分充分渗透到容器底部，确保根系能够均匀吸收水分。

对于一些叶片有茸毛或肉质的植物（如非洲堇），避免叶片沾水，可以采用浸盆法，即将容器放入盛水的容器中，让水从容器底部的排水孔慢慢渗透进去，使土壤湿润。

（三）施肥管理

1. 肥料种类与选择

容器栽培植物需要多种养分维持生长。因此，要选择合适的肥料。氮肥能促进植物枝、叶生长，磷肥有助于花芽分化和开花结果，钾肥可增强植物的抗逆性。有机肥（如腐熟的饼肥、骨粉等）含有丰富的有机质，能改善土壤结构，同时缓慢释放养分；无机肥（如复合肥、尿素等）养分含量高、见效快。

根据植物的生长阶段选择肥料。例如，在植物的生长初期，可多施氮肥；在花芽分化期，增施磷肥；在果实发育期，适当补充钾肥。

2. 施肥频率与方法

施肥频率要根据植物的生长速度和季节变化调整。生长旺盛期施肥频率可以高一些，休眠期则应停止施肥。一般来说，每隔1～2个月施1次肥为宜，但对于一些生长迅速的植物，如某些草本花卉，可以每1～2周施1次稀薄的液肥。

施肥时要注意方法，避免肥料直接接触根系，以免烧伤根系。可以将肥料均匀地撒在土壤表面，然后用小耙子轻轻混入土壤中；或者将肥料溶解在水中，制成液肥，沿容器边缘浇施。

（四）温度与光照管理

1. 温度管理

不同容器栽培植物对温度的适应范围不同。大多数室内容器栽培植物适宜的生长温度为15～25℃。在冬季，要注意防寒保暖，对于不耐寒的植物（如热带观叶植物），可以将其移至室内温暖处，或使用保温罩、加热垫等设备保持适宜的温度。在夏季高温时，要采取降温措施，如将容器栽培植物移至阴凉通风处，避免阳光直射，或使用遮阳网、风扇等降低温度，防止根系因高温而受损。

2. 光照管理

光照是植物进行光合作用的能源，对根系生长也有间接影响。喜光植物（如向日葵）需要充足的阳光照射，应放置在阳光充足的朝南阳台或室外；耐阴植物（如龟背竹）则不能忍受强光直射，需要放置在有散射光的地方，如室内明亮但无直射阳光的角落。如果光照不足，植物光合作用减弱，合成的有机物质减少，会影响根系的生长和发育；而光照过强，尤其是在夏季高温时，可能会使土壤温度过高，灼伤根系。

三、根系更新

（一）换容器换土

1. 换容器时机

一般来说，容器栽培植物每隔1～2年需要换容器换土1次。当出现以下情况时，应及时换容器：植物生长缓慢，尽管施肥浇水正常但仍不见起色；根系从容器底部排水孔伸出，表明根系生长空间受限；土壤板结严重，浇水后水分难以渗透，或者土壤表面有白色盐碱析出。

2. 换容器操作步骤

在换容器前1~2天停止浇水，使土壤稍干，便于取出植物。将植物从原容器中小心取出，轻拍容器壁或用小铲子沿容器壁插入，使土壤与容器分离。

取出植物后，轻轻抖落根部的旧土，尽量保留根系周围的护心土。对根系进行检查，剪掉老化、腐烂、过长或缠绕的根系。然后选择比原容器大1~2号的新容器，在容器底部铺上1层排水材料（如陶粒、瓦片等），再加入新的培养土。

将植物放入新容器中，调整好位置，使根系舒展，然后继续添加培养土，边加边轻提植物，使土壤填满根系间隙，最后浇透水，放置在阴凉通风处缓苗。

（二）根系修剪

1. 修剪目的与原则

根系修剪可以刺激新根生长，去除病根和老化根，改善根系结构。修剪时应遵循适度原则，避免过度修剪导致植物生长受阻。一般来说，对于生长旺盛的容器栽培植物，可以每年进行1次轻度根系修剪；对于根系生长较弱或刚换容器不久的植物，修剪要更加谨慎。

2. 修剪方法

修剪根系要使用锋利、消毒后的剪刀。对于根系较发达的植物，可以剪掉根系外围1/4~1/3的细弱根和老化根；对于有根系病害的植物，要彻底剪掉病根，并对修剪后的根系进行消毒处理（如用高锰酸钾溶液浸泡），然后再重新栽种。

第十四章

根系损伤及修复技术

第一节 常见的根系损伤

一、物理损伤

（一）移栽过程

在移栽作物时，如果操作不当，很容易损伤根系。例如，拔苗时用力过猛，可能会拉断主根或侧根；移栽过程中根系暴露在空气中时间过长，导致根系失水；或者移栽时种植坑过小，根系无法舒展而受到挤压。

（二）机械损伤

在农田作业或园林施工过程中，使用农机具或施工设备可能会对作物根系造成伤害。例如，耕地时犁铧可能会切断根系，或者在城市绿化施工中，挖掘机等设备会破坏树木根系。

（三）土壤环境变化

土壤紧实度的变化也会损伤根系。例如，长期被行人踩踏或车辆碾压的区域，土壤变得紧实，根系在生长过程中受到挤压，无法正常生长，甚至会被压断。

二、化学损伤

（一）肥料浓度过高

施肥不当是导致根系化学损伤的常见原因。如果一次性施用大量化肥，或者肥料没有充分溶解和分散，在根系周围形成高浓度的肥料溶液，就会导致根系细胞失水，产生"烧根"现象。例如，在花卉容器栽培中，若尿素施用量过多，会使根系发黄、腐烂。

（二）土壤酸碱度异常

土壤酸碱度不适合会影响根系的生长和功能。当土壤过酸或过碱时，会导致某些营养元素的溶解度下降，使根系无法正常吸收养分，同时还可能会对根系产生直接的毒害作用。例如，在酸性土壤中，铝、锰等元素的溶解度增加，可能会对根系造成伤害。

（三）农药残留

农药的不合理使用也会损伤根系。部分农药在土壤中残留时间过长，或者使用浓度过高，会被根系吸收，对根系细胞的生理功能产生干扰，甚至破坏根系组织。

三、生物损伤

（一）病害侵袭

许多根部病害会直接损伤根系。例如，根腐病是由真菌、细菌等病原菌引起的，这些病原菌会侵染根系，分解根系组织，导致根系腐烂。根结线虫也会寄生在根系上，使根系形成根结，阻碍根系对水分和养分的吸收，严重时会导致根系坏死。

（二）虫害啃食

地下害虫如蛴螬、金针虫等会啃食根系，造成根系残缺不全。它们在根系上形成伤口，这些伤口不仅会影响根系的正常吸收功能，还容易被病原菌侵染，引发病害。

第二节　根系损伤常规修复

一、物理修复方法

（一）修剪根系

对于受损的根系，适当的修剪是必要的。修剪掉腐烂、断裂或被害虫啃食的部分，使根系伤口平整。例如，在移栽花卉时，如果发现有烂根，用消毒后的剪刀将烂根部分剪掉，保留健康的根系。修剪后的根系可以用生根粉溶液浸泡，促进新根的生长。

（二）改善土壤物理性质

为了帮助根系恢复，要为其创造良好的土壤环境。如果土壤紧实，可以通过松土增加土壤通气性和透水性。对于容器栽培植物，可以更换疏松、透气的培养土。在园林中，可以采用深翻土壤、添加有机物料（如腐叶土、泥炭土、珍珠岩等）的方式改善土壤结构。

（三）固定植株

对于根系受损的高大植物，如树木，需要对植株进行固定，防止其倒伏。可以使用支柱、绳索等进行支撑，减少根系的受力，让根系在相对稳定的环境中恢复。

二、化学修复方法

（一）调节土壤酸碱度

根据土壤检测结果，调节土壤酸碱度，使其适合作物生长。如果土壤酸性过强，可以添加石灰提高pH值；如果土壤碱性过强，可以添加硫磺粉或酸性肥料降低pH值。在调节过程中，要注意逐渐调整，避免pH值变化过大对根系造成二次伤害。

（二）合理施肥

在根系修复期间，采用"薄肥勤施"原则。避免施用高浓度的化肥，可以选择温和的有机肥或专用生根肥。例如，在花卉根系受损后，可以施用稀释后的腐熟饼肥溶液或含有腐植酸的生根肥，为根系恢复提供营养支持。

（三）使用生长调节剂

合理使用植物生长调节剂可以促进根系的修复和生长。例如，使用生根粉（主要成分是生长素类似物）浸泡根系，可以刺激根系细胞的分裂和伸长，加快新根的产生。对于一些生长缓慢的植物，还可以使用细胞分裂素等调节剂促进根系的生长。

三、生物修复方法

（一）引入有益微生物

可以向土壤中添加含有有益微生物的菌剂，如芽孢杆菌、木霉菌等。这些有益微生物可以改善土壤环境，抑制有害病菌的生长，同时还能分解有机物质，释放养分，促进根系的生长和修复。例如，在果树根系受损后，将含有解磷菌、解钾菌和固氮菌的复合微生物菌剂施入土壤，帮助根系恢复吸收功能。

（二）生物防治病虫害

对于由病虫害引起的根系损伤，采用生物防治方法是一种环保有效的方式。例如，利用寄生线虫控制蛴螬等地下害虫；使用拮抗微生物抑制根腐病等病原菌的生长。同时，要加强作物的健康管理，增强作物自身的免疫力，如合理浇水、施肥、修剪等，减少病虫害的发生。

第三节　根系损伤特殊修复

一、窝根的修复

（一）窝根对植物的危害

1. 根系功能受损

（1）水分吸收受阻

窝根会使根系的正常结构被破坏，根的表面积减小。根系吸收水分主要依靠根毛和幼嫩的表皮细胞，窝根导致根毛发育不良或受损，减少了根系与土壤的接触面积。例如，一棵窝根的容器栽培花卉，其根系无法像正常根系那样有效地从土壤中吸收水分，在土壤水分供应有限的情况下，植物可能很快出现缺水症状，如叶片萎蔫。

窝根后的根系内部细胞间的水分传导也会受到影响。正常的根系细胞排列有序，能够形成有效的水分传导通道，而窝根使根系细胞扭曲、挤压，破坏了这种传导机制，降低了根系将水分向上运输到地上部分的能力。

（2）养分吸收困难

植物根系对养分的吸收依赖于根系的正常生理功能和结构。窝根时，根系的吸收部位（如根毛区）不能充分与土壤中的养分接触。土壤中的氮、磷、钾等养分需要通过扩散、离子交换等方式被根系吸收，窝根使这些过程难以顺利进行。例如，在窝根的情况下，根系可能无法吸收到足够的磷元素，影响植物的开花结果，因为磷是植物体内能量代谢和生殖过程必需的元素。

窝根还会影响根系对微量元素的吸收。微量元素虽然在植物体内含量较少，但对植物的生长发育同样至关重要，如铁、锌、锰等。窝根导致根系功能异常，会使植物出现微量元素缺乏症状，如叶片发黄、生长点坏死等。

2. 根系生长受抑制

（1）细胞分裂与伸长受阻

窝根使根系处于不正常生长环境中，根系细胞的分裂和伸长受到抑制。正常情况下，根系尖端的分生区细胞不断分裂产生新细胞，后面的伸长区细胞不断伸长使根系生长。窝根会造成根系局部的压力和营养物质运输不畅，分生区细胞得不到足够的营养和适宜的生长信号，细胞分裂减缓；伸长区细胞由于受到周围弯曲、挤压的根系组织的限制，无法正常伸长。

随着时间的推移，窝根的根系会逐渐失去生长活力，新根的产生数量减少，老根的更新速度也会减慢，导致整个根系系统逐渐老化、衰弱。

（2）根系形态发育异常

窝根会导致根系的形态发生严重变形。正常的根系主根与侧根结构分明，各级根系有序生长，而窝根后的根系主根与侧根相互缠绕、弯曲，形成一团乱麻般的结构。这种异常的根系形态不仅影响根系自身的生长，还会进一步影响植物地上部分的生长。例如，根系无法正常向深处和远处生长，会限制植物地上部分的高度和冠幅的扩展。

3. 地上部分生长受影响

（1）生长缓慢

由于根系是植物生长的基础，窝根导致根系功能和生长受限后，植物地上部分得不到充足的水分和养分供应，生长速度明显减缓。无论是草本植物的茎和叶的生长，还是木本植物的枝干和叶片的生长，都会变得迟缓。例如，窝根的幼苗与正常幼苗相比，在相同的生长时间内，植株的高度、叶片数量和大小都会明显落后。

（2）发育不良

植物的发育过程，如开花、结果等也会受到窝根的严重影响。以果树为例，窝根的果树可能会出现花芽分化不良的情况，导致开花数量减少、花朵质量下降。在结果期，果实的发育也会受到阻碍，果实可能变小、口感变差、品质降低，因为果实的发育需要根系从土壤中吸收大量的水分和养分。

（3）抗逆性下降

根系正常时能够帮助植物应对各种环境胁迫，如干旱、洪涝、病虫害等。窝根后的植物，其根系抗逆能力大大减弱。在干旱条件下，窝根的植物更容易缺水枯萎，因为其根系吸收和储存水分的能力较差；在洪涝时，由于根系结构紊乱，更容易受到缺氧的危害；而且窝根植物更容易受到病虫害的侵袭，因为根系不健康会影响植物整体的免疫力，使植物地上部分更容易感染病虫害。

（二）窝根产生的原因

1. 种植操作不当

（1）移栽时操作失误

在移栽植物时，如果根系没有得到妥善的舒展就被埋入土中，很容易造成窝根。例如，在移栽花卉幼苗时，直接将根系成团放入种植坑中，没有小心地将根系理顺，根部就会弯曲、缠绕，形成窝根。

移栽时种植坑过小或过浅，不能容纳植物的根系正常生长，也会导致根系蜷缩在一起，产生窝根现象。

（2）扦插操作问题

在扦插繁殖过程中，如果插条插入基质过深或过浅，或者基质过于紧实，都会影响插条基部根系的正常生长。例如，扦插月季时，若插条插入基质过深，基部的根系在生长初期难以突破紧实的基质向四周伸展，就容易在插条基部形成窝根。

2. 土壤因素

（1）土壤质地

土壤黏重是导致窝根的常见原因之一。黏重的土壤颗粒细小，通气性和透水性差，根系在其中生长时受到较大的阻力，难以向四周伸展，从而容易蜷缩、缠绕，形成窝根。例如，在一些长期积水的低洼地，土壤黏重，种植的作物根系往往容易出现窝根现象。土壤中有硬块或杂物，如未腐熟的有机肥团块、石块等，也会阻碍根系的正常生长，迫使根系弯曲、窝藏在这些障碍物周围。

（2）土壤板结

过度使用化肥、不合理的灌溉或缺乏土壤翻动等原因都可能导致土壤板结。板结的土壤结构紧密、孔隙度小，根系生长空间受限，只能在有限的空间内扭曲生长，进而产生窝根。

3. 容器因素（针对容器栽培植物）

容器形状不规则或底部狭小、收口过大等，会影响根系的自然生长方向。例如，一些造型奇特的陶瓷花盆，内部空间布局不合理，根系生长到一定程度后就难以舒展，容易窝根。

容器过小，根系生长空间不足，随着植物的生长，根系会在有限的空间内相互挤压、缠绕，形成窝根。

（三）窝根解决方法

1. 规范种植操作

（1）移栽操作

在移栽植物时，要小心地将根系展开，使其自然舒展。对于带土球移栽的植物，尽量保持土球完整，同时将土球周围的根系适当梳理。例如，移栽大树时，先将土球周围的包扎物去除一部分，然后轻轻梳理根系，再将植物放入预先挖好的足够大且深的种植坑中，确保根系能够在坑内自然伸展。

按照植物根系的大小和生长需求，合理确定种植坑的尺寸。一般来说，种植坑的深度和宽度应比根系的最大伸展范围大20~30厘米。

（2）扦插操作

在扦插时，要根据插条的长度和基质的特性，确定合适的扦插深度。通常，插条插入基质的深度为插条长度的1/3~1/2。同时，要保证基质疏松，例如，在扦插前将基质过筛，去除其中的硬块和杂物，使插条基部的根系能够顺利生长。

2. 改良土壤

（1）改善土壤质地

对于黏重土壤，可以通过添加有机物质改良。例如，每年每平方米施入5~10千克的腐熟堆肥、厩肥或泥炭土等。这些有机物质可以增加土壤孔隙度，改善土壤通气性和透水性，使根系能够更好地伸展，减少窝根现象。

清除土壤中的硬块和杂物。在种植前，可以用筛子筛选土壤，去除石块、未腐熟的有机肥团块等，为根系生长创造一个无障碍的环境。

（2）防止土壤板结

合理施肥，减少化肥的单一使用，增加有机肥的施用量。有机肥能够改善土壤结构，增强土壤的保水保肥能力。例如，将氮肥、磷肥、钾肥与有机肥按照一定比例混合施用。采用合理的灌溉方式，如滴灌或喷灌，避免大水漫灌造成土壤板结。同时，定期对土壤进行中耕松土，增加土壤通气性。

3. 合理选择和使用容器（针对容器栽培植物）

选择形状规则、底部宽敞、排水良好的容器。例如，陶土花盆或塑料花盆，其底部有较多的排水孔，并且内部空间较为规整，有利于根系生长。

根据植物的种类和生长潜力，选择合适大小的容器。一般来说，对于小型草本植物，容器直径15~20厘米即可；对于木本植物或生长较快的植物，应选择更大的容器，并且随着植物的生长及时更换更大的容器，以提供足够的根系生长空间。

二、根系胁迫生长的修复

根系胁迫生长是指根系在受到各种不良环境因素的影响，如干旱、洪涝、盐碱、高温、低温、营养缺乏或病虫害等，导致其正常生长和生理功能受到抑制或损害的现象。以下是一些针对根系胁迫生长的修复方法。

1. 土壤改良

（1）调节土壤酸碱度

对于酸性土壤，可施用石灰提高土壤pH值，降低土壤酸性，例如，在南方的一些酸性红壤地区种植水稻、玉米等作物时，适量施用石灰能改善土壤酸性环境，促进根系对养分的吸收，减轻铝、锰等有毒元素对根系的毒害。对于碱性土壤，则可施用硫磺粉或硫酸亚铁等酸性物质降低土壤pH值，使土壤环境更适宜根系生长。

（2）增加土壤有机质

通过施用有机肥，如腐熟的堆肥、厩肥、绿肥等，或种植绿肥作物并进行翻压，可增加土壤有机质含量。有机质能改善土壤结构，提高土壤的保水保肥能力，为根系生长提供良好的物理环境，同时其分解产生的有机酸等物质还能促进土壤中难溶性养分的溶解和吸收。

2. 合理灌溉

（1）控制灌溉量和频率

根据不同作物的需水规律和土壤墒情，合理控制灌溉量和频率，避免过度灌溉导致土壤积水和缺氧，或灌溉不足引起干旱胁迫。例如，在小麦生长的不同阶段，需根据其生长需求和天气状况调整灌溉，孕穗期需保证充足水分，而在成熟期则要适当控制灌溉，以促进根系对养分的吸收和转运。

（2）采用滴灌或喷灌技术

与传统的大水漫灌相比，滴灌和喷灌能更精准地将水输送到作物根部，减少水分蒸发和渗漏，提高水分利用效率，保持土壤适度的湿润状态，有利于根系的健康生长。在一些水资源短缺的地区，如新疆的棉花种植区，采用滴灌技术有效缓解了水资源压力，同时促进了棉花根系的生长和发育。

3. 提供充足养分

（1）平衡施肥

根据土壤肥力状况和作物需求，合理搭配氮、磷、钾等大量元素肥料和铁、锌、锰、硼等微量元素肥料，避免偏施某一种肥料导致养分失衡。例如，在果树栽培中，适量施用氮肥能促进根系生长和枝叶繁茂，但过量施用会导致根系徒长，降低果实品质，因此，需配合施用磷肥、钾肥和微量元素肥料，以维持树体的营养平衡，促进根系的健壮生长。

（2）补充有机肥和生物肥

有机肥和生物肥不仅能提供丰富的养分，还能改善土壤微生物活性，促进根系对养分的吸收和利用。例如，在蔬菜种植中，施用生物有机肥能增加土壤中有益微生物数量，这些微生物可分解有机物质，释放出可供根系吸收的养分，同时还能产生一些生长调节物质，刺激根系生长。

4. 调节根际微生物群落

（1）施用微生物菌剂

向土壤中添加有益微生物菌剂，如根瘤菌、芽孢杆菌、放线菌等，这些微生物可与根系形成共生关系或产生有益代谢产物，促进根系生长和增强根系抗逆性。例如，根瘤菌能与豆科作物根系共生固氮，为作物提供氮素营养；芽孢杆菌能产生抗生素和植物生长调节剂，抑制病原菌生长，促进根系发育。

（2）实行轮作制度

不同作物轮作能改变根际微生物群落结构，减少病原菌积累，增加有益微生物数量。例如，在玉米与大豆轮作系统中，大豆根系分泌物能促进土壤中一些有益微生物的生长，这些微生物在轮作玉米时仍能对玉米根系生长产生积极影响，提高土壤肥力和作物产量。

5. 采用植物生长调节剂

（1）生长素类调节剂

如吲哚乙酸（IAA）、萘乙酸（NAA）等，可促进根系细胞的分裂和伸长，诱导新根的形成和生长。在花卉扦插繁殖中，常用NAA溶液浸泡插穗基部，能显著提高插穗生根率和生根数量，加快新根的生长速度。

（2）细胞分裂素类调节剂

如6-苄氨基嘌呤（6-BA）等，能促进细胞分裂和分化，增强根系的活力和抗逆性。在一些蔬菜育苗过程中，适当喷施6-BA可促进幼苗根系的发育，提高幼苗的移栽成活率。

6. 加强田间管理

（1）及时中耕除草

中耕可疏松土壤，增加土壤通气性，促进根系呼吸作用，同时还能清除杂草，减少杂草与作物争夺养分、水分和光照。例如，在棉花生长期间，适时进行中耕除草，能改善棉田土壤环境，促进棉花根系的下扎和侧根的生长。

（2）防治病虫害

及时防治根系病虫害，如根腐病、线虫病等，可采用化学药剂防治、生物防治或农业防治等综合措施。对于根腐病，可选用甲基托布津、多菌灵等药剂进行灌根防治；对于线虫病，可采用轮作、种植抗线虫品种或施用生物杀线虫剂等方法进行防治，以保护根系免受病虫害侵害，维持根系的正常生长。

三、淹水根系的修复

当根系被淹后，可以按照以下步骤进行处理。

（一）排水

1. 容器栽培花卉或植物

如果是容器栽培植物，要尽快将容器移至排水良好的地方，倾斜容器，让多余的水从排水孔流出。对于容器底部排水不畅的情况，可以用小木棍或竹签在容器底部的排水孔周围扎几个小孔，以加快排水速度。例如，对被淹的容器栽培绿萝，将其移到阳台的排水口处，倾斜容器，使积水迅速排出。

若容器栽培土壤积水严重，可以考虑将植株带土从容器中取出，放在通风良好的地方，让土壤中的水分自然沥干。但操作时要小心，尽量不要损伤根系。

2. 地面栽培植物

对于地面栽培植物，需要及时挖沟排水。在植物种植区域周围挖掘深度合适（一般30~50厘米）的排水沟，将积水引导到地势较低的地方。例如，园林中的树木被淹时，在树木周围挖掘环形排水沟，使积水能够快速排出，降低土壤中的水位。

（二）根系检查与修剪

1. 检查根系

排水后，轻轻将植物从土壤中取出（对于容器栽培植物）或小心挖掘根部周围的土壤（对于地面栽培植物），查看根系状况。健康的根系一般为白色或浅黄色，有弹性。如果根系颜色变为褐色或黑色，质地发软，说明根系已经受到水淹的损害，存在烂根情况。

2. 修剪烂根

用干净、锋利的修枝剪或剪刀将烂根剪掉。烂根修剪要彻底，将变色、软烂的部分一直剪到露出健康的白色根系组织为止。例如，对于被淹后根系受损的花卉，如君子兰，修剪掉烂根后，有利于健康根系的生长。修剪过程中要尽量避免损伤健康根系。

（三）根部消毒

1. 消毒溶液选择

修剪后的根系可以用多菌灵、高锰酸钾等溶液进行消毒。多菌灵溶液的浓度一般为50%可湿性粉剂800~1 000倍液，高锰酸钾溶液的浓度可以控制在0.1%~0.3%。

2. 消毒操作

将植物根系浸泡在消毒溶液中，浸泡时间根据植物的种类和根系受损程度而定，一般为15~30分钟。例如，娇嫩的花卉浸泡15分钟左右即可，而较为皮实的植物可以浸泡30分钟。消毒后的根系要放在阴凉通风处晾干。

（四）土壤处理

1. 容器栽培植物

如果是容器栽培植物，原来的土壤可能已经积水严重且透气性差。可以将部分旧土去除，更换为新的疏松、透气、排水良好的土壤。例如，可以使用腐叶土、泥炭土、珍珠岩按照一定比例（如3∶2∶1）混合而成的土壤。

对容器也要进行清洗和消毒，可以用刷子蘸取稀释后的消毒剂（如84消毒液，稀释100~200倍）将容器内外刷洗干净，然后晾干备用。

2. 地面栽培植物

对于地面栽培植物，要改善土壤通气性。可以在植物根部周围的土壤中混入一些粗砂、珍珠岩或稻壳炭等，以提高土壤通气性。例如，在被淹后的桃树根部周围土壤中加入适量的粗砂，有助于提高土壤通气性，促进根系的恢复。

（五）重新栽种或种植

1. 容器栽培植物

将经过消毒和晾干的植物重新栽种到处理后的容器中。栽种时要注意使根系舒展，填土后轻轻压实，然后浇透水。第一次浇水要浇透，但避免积水，之后按照植物的正常养护要求进行浇水和施肥管理。

2. 地面栽培植物

将处理后的植物根系重新埋入改善后的土壤中，适当培土，浇足定根水。在植物恢复期间，要减少施肥量或暂停施肥，待植物生长恢复正常后再进行正常施肥。同时，要密切关注植物的生长状况，如叶片颜色、生长速度等，及时发现问题并进行处理。